什么是水利？

WHAT IS WATER CONSERVA

张　弛　主　编
马震岳 周惠成 郭子坚　副主编

大连理工大学出版社
Dalian University of Technology Press

图书在版编目(CIP)数据

什么是水利？/ 张弛主编. -- 大连 ：大连理工大学出版社，2021.9

ISBN 978-7-5685-3001-9

Ⅰ. ①什… Ⅱ. ①张… Ⅲ. ①水利工程－普及读物
Ⅳ. ①TV-49

中国版本图书馆 CIP 数据核字(2021)第 074578 号

什么是水利？ SHENME SHI SHUILI?

出 版 人：苏克治
责任编辑：于建辉　王　伟
责任校对：李宏艳　周　欢
封面设计：奇景创意

出版发行：大连理工大学出版社
（地址：大连市软件园路 80 号，邮编：116023）
电　　话：0411-84708842(发行)
0411-84708943(邮购)　0411-84701466(传真)
邮　　箱：dutp@dutp.cn
网　　址：http://dutp.dlut.edu.cn

印　　刷：辽宁新华印务有限公司
幅面尺寸：139mm×210mm
印　　张：5.5
字　　数：96 千字
版　　次：2021 年 9 月第 1 版
印　　次：2021 年 9 月第 1 次印刷
书　　号：ISBN 978-7-5685-3001-9
定　　价：39.80 元

出版者序

高考，一年一季，如期而至，举国关注，牵动万家！这里面有莘莘学子的努力拼搏，万千父母的望子成龙，授业恩师的佳音静候。怎么报考，如何选择大学和专业？如愿，学爱结合；或者，带着疑惑，步入大学继续寻找答案。

大学由不同的学科聚合组成，并根据各个学科研究方向的差异，汇聚不同专业的学界英才，具有教书育人、科学研究、服务社会、文化传承等职能。当然，这项探索科学、挑战未知、启迪智慧的事业也期盼无数青年人的加入，吸引着社会各界的关注。

在我国，高中毕业生大都通过高考、双向选择，进入大学的不同专业学习，在校园里开阔眼界，增长知识，提

升能力，升华境界。而如何更好地了解大学，认识专业，明晰人生选择，是一个很现实的问题。

为此，我们在社会各界的大力支持下，延请一批由院士领衔、在知名大学工作多年的老师，与我们共同策划、组织编写了“走进大学”丛书。这些老师以科学的角度、专业的眼光、深入浅出的语言，系统化、全景式地阐释和解读了不同学科的学术内涵、专业特点，以及将来的发展方向和社会需求。希望能够以此帮助准备进入大学的同学，让他们满怀信心地再次起航，踏上新的、更高一级的求学之路。同时也为一向关心大学学科建设、关心高教事业发展的读者朋友搭建一个全面涉猎、深入了解的平台。

我们把“走进大学”丛书推荐给大家。

一是即将走进大学，但在专业选择上尚存困惑的高中生朋友。如何选择大学和专业从来都是热门话题，市场上、网络上的各种论述和信息，有些碎片化，有些鸡汤式，难免流于片面，甚至带有功利色彩，真正专业的介绍文字尚不多见。本丛书的作者来自高校一线，他们给出的专业画像具有权威性，可以更好地为大家服务。

二是已经进入大学学习，但对专业尚未形成系统认知的同学。大学的学习是从基础课开始，逐步转入专业基础课和专业课的。在此过程中，同学对所学专业将逐步加深认识，也可能会伴有一些疑惑甚至苦恼。目前很多大学开设了相关专业的导论课，一般需要一个学期完成，再加上面临的学业规划，例如考研、转专业、辅修某个专业等，都需要对相关专业既有宏观了解又有微观检视。本丛书便于系统地识读专业，有助于针对性更强地规划学习目标。

三是关心大学学科建设、专业发展的读者。他们也许是大学生朋友的亲朋好友，也许是由于某种原因错过心仪大学或者喜爱专业的中老年人。本丛书文风简朴，语言通俗，必将是大家系统了解大学各专业的一个好的选择。

坚持正确的出版导向，多出好的作品，尊重、引导和帮助读者是出版者义不容辞的责任。大连理工大学出版社在做好相关出版服务的基础上，努力拉近高校学者与读者间的距离，尤其在服务一流大学建设的征程中，我们深刻地认识到，大学出版社一定要组织优秀的作者队伍，用心打造培根铸魂、启智增慧的精品出版物，倾尽心力，服务青年学子，服务社会。

“走进大学”丛书是一次大胆的尝试，也是一个有意义的起点。我们将不断努力，砥砺前行，为美好的明天真挚地付出。希望得到读者朋友的理解和支持。

谢谢大家！

2021 年春于大连

前　言

水是生命之源、万物之始。在希腊语中，水的原意是万物之母。对于人类生命而言，水是仅次于氧气的重要物质。没有食物，人可以存活一个月以上；而没有水，人能坚持一周就属奇迹。人体组成中，水占 60%（质量分数），甚至更多。

人类因水而生，向水而居。地球表面大约有四分之三被水或者冰覆盖，没有水，地球就会与土星、火星一样，荒凉寂寞，了无生机。人类的文明和进步也源于水：没有水，就没有“to be, or not to be, that’s the question”的困惑；没有水，就没有“蒹葭苍苍，白露为霜。所谓伊人，在水一方”的意境；没有水，就没有“上善若水”“智者乐水”的顿悟；没有水，就没有“水能载舟，亦能覆舟”的哲思；没有水，就没有“自信人生二百年，会当水击三千里”的豪

情；没有水，就没有“风吹草低见牛羊”的壮阔；没有水，就没有“君住长江头，我住长江尾”的相思；没有水，就没有“问君能有几多愁，恰似一江春水向东流”的忧伤；没有水，就没有“飞流直下三千尺，疑是银河落九天”的浪漫……

上善若水，水利万物而不争。水是生产之要、生态之基。饮水是最基本的需求，人类把水资源化，学会开发利用水资源，才能使生产、生活水平不断提高。从早期朴素而直接的水利，如灌溉庄稼、漂木行舟、捕鱼养鱼，到后来的水磨水车，以及漕运海运、水力发电，水为经济社会发展提供了源源不断的能源动力。水是工农业生产的宝贵物质资源，在工业上可用于蒸汽驱动、洗矿冷却、制冷供热等。水是生态环境的关键要素，人水和谐共生是人与自然和谐共生的重要基础。水是地球的血脉。海洋是地球的储热库，对全球气候变化有显著影响，也为人类活动提供了广阔的空间和资源。湖泊湿地是地球的肺，涵育了地球的纯净与温润。

管仲曾说：“五害之属，水最为大。”河流海洋并不总是舒缓欢畅、风平浪静。暴雨洪水、河流泛滥、台风巨浪、干旱缺水等自然灾害，是人类时时面临的生存威胁。华夏文明总体上属于农耕文化，历史上我们更多的是“靠天吃饭、看天脸色”。洪水泛滥，导致家破田毁，流离失所；干旱少雨，导致颗粒无收，饿殍遍野。水兴则国兴，水安则国安。中华名族的发展史也是一部治水史，治水关系到国泰民安和民生福祉。

水资源成为现代化的重要支撑、国家安全的重要保障，水资源承载力决定着经济社会的发展规划、发展速度和发展质量。随着经济社会的快速发展，水资源短缺的矛盾日益突出，水污染等水环境问题日益加剧。优化配置水资源、引水调水、节约用水，是现在和未来水利面临的主要任务。

水利，是兴水利与除水害的高度统一。水利工程及交通工程、农业工程、环境工程等涉水领域所属的行业是国民经济的基础性行业，是国计民生所系、国家安全所依、国家战略所向。水利工程的主要特点：工程规模大（例如三峡工程和南水北调工程），资金投入大（少则数百万元，多则数千亿元），建设周期长（多达数十年，甚至需要几代人的接续奋斗），纵横面积广（江河流域区域，涉及数县至数省），技术难度大（每个工程均有独立特征，不能简单复制）。同时，水利工程牵涉面大，涉及流域区域规划以及工程的勘察、设计、研究、建设和管理，也与生态、环保、移民、交通等密不可分，一定要做到规划上合规、技术上可行、经济上合理、管理上最优。因此，对水利人才的素质和能力提出了更高的要求：因为是民生之本，所以需要厚植家国情怀、奉献精神；因为涉及面广，所以需要涵盖多元知识和深厚学养；因为难度突出，所以需要锤炼过硬本领和创新能力。

本书编撰的目的,就是面向乐水好水的读者朋友,简明勾勒水利的前世今生和发展脉络,描绘水利的丰富内涵和壮美面貌,展现水利的伟大成就和愿景远景,从而引导读者领略水之美,体悟水之魂,感受水之力,光大水之伟。

本书共分为六部分。源头活水:人类生存发展的命脉。主要阐述人与水密不可分、和谐共存,回答了为什么要研究水、治理水、利用水。寻根溯源:水利工程的起源与发展。重点介绍水利工程的内涵、发展简史、面临的机遇与挑战以及未来的发展路径。横溢之才:水利高等教育概览。对大学本科人才培养体系、涉水院校涉水专业做概要描述;阐明水利人才的培养目标、知识结构、能力要求等;从完整学科体系的视角,阐明水利学科的分支构成、需要重点研究解决的关键科学问题与工程技术难题;通过介绍 7 个国家重点实验室的总体情况和典型代表性研究方向、实验设备等,使读者对本科人才培养体系有概要了解。时代弄潮:智慧水利新时代。基于现代工程学科和工程技术的快速发展,结合新时代对水利的新要求,解读发展智慧水利的必要性、内涵和方法,以及智慧水利对复合型创新型水利人才培养的新要求。水利万物:世界著名水利工程。通过介绍世界著名水利工程,让读者切实体会到水利工程历史之悠久、规模之宏伟、事业之艰难、功用之巨成。泽厚流光：世界著名水利专家。介绍古今中外著名水利专家的传略，伟业因伟人而兴成，伟人因伟业而不朽！

由于本书的撰写时间紧迫、内容体系宏大、材料门类繁杂，加之编者的水平有限，粗糙和错误在所难免，敬请读者评批指正，待再版时加以改正。

编　者

2021 年 4 月

目　录

源头活水:人类生存发展的命脉

蒹葭苍苍,白露为霜。

所谓伊人,在水一方。

溯洄从之,道阻且长。

溯游从之,宛在水中央。

——《诗经·国风·秦风·蒹葭》

▶▶万物之始:水是生命之源

水是生命之源,万物之始。生命起源于浩瀚的海洋。中文"海"字是由人、水、母组成的,说明人与水密不可分。中国人把水作为五行之一。在希腊语中,水的原意是万物之母,水被认为是宇宙四大组成元素之一,也是古美索不达米亚人的五元素之一。古希腊哲学家泰勒斯相信水是宇宙最原始的物质。对于人类生命而言,水是仅次于氧气的重要物质。没有食物,人可以存活一个月以上,但没有了饮水,人能坚持一周就属奇迹。人体质量组成中,水占60%甚至更多。

水从何而来？一种说法是，地球年轻时拥有的热能把云母之类的矿物质化合物里的氢和氧赶了出来，氢和氧结合后成为水。

从浩瀚太空拍摄的图片显示，地球大约有四分之三都被水或者冰所覆盖，仿佛人类生活在一个“水球”上。人类因水而生，向水而居。没有了水，地球就与土星、火星一样，荒凉寂寞，了无生机。

按照盐分含量，地球上的水分为咸水和淡水。咸水主要指海水。与海洋的水量相比，咸水湖（如青海湖、纳木错湖、色林错湖、乌伦古湖和羊卓雍湖）的水量几乎可忽略不计，且其盐度也相对较低（微咸）。人类可直接利用的是淡水，地球上只有约2.5%的水是淡水。生命依存的主要是淡水，也就是我们通常所定义的水资源。水资源主要可分为地表水和地下水。地下水储存在地层中，储量相对较少，不易开采利用，且补充困难。地表水储存在江河湖泊及雪山、冰川等中。

百川归海，太阳的光和热使水蒸气从海面升腾，被气流夹带到内陆。随着海拔的升高，水蒸气汇聚成云层，在适宜条件下形成雨或雪降落。雪山融化，涓滴成溪，汇细流而成江河，江河奔腾入海。一个云水江海的神奇自然循环宣告完成。水携其韧性与温润，以柔克刚，沿河沿岸雕刻出自然界的山水奇观，形成无数野生动物栖息地，孕育着丰富多样的物种。无论山多高，水多深，有水的地方就有生命。

面对涓涓溪流、滔滔江河，我国的先贤哲人在不断地思考、感悟、咏叹。老子说："上善若水。水善利万物而不争，处众人之所恶，故几于道。""江海所以能为百谷王者，以其善下之，故能为百谷王。""天下莫柔弱于水，而攻坚强者莫之能胜，以其无以易之。"孔子说："知者乐水，仁者乐山。知者动，仁者静。知者乐，仁者寿。"孔子也曾临水而叹："逝者如斯夫，不舍昼夜。"我国古代的军事家以水喻兵，探究兵法之妙。东汉著名医学家张仲景说："水为何物？命脉也！"

古代的工程技术落后，治水能力有限，人类临水而居，在用水便利的同时也深受洪水之害，故深谙"治国必先治水"之道。《管子·度地》记载："故善为国者，必先除其五害，人乃终身无患害而孝慈焉。""水，一害也。旱，一害也。风雾雹霜，一害也。厉，一害也。虫，一害也。此谓五害。五害之属，水最为大。"管仲认为水安全与国家安危密切相关，必须将保障水安全作为治国的首要问题。

水安则国安。水资源也是国家的重要战略资源，国际上也存此共识。1991 年，国际水资源协会指出："在干旱或半干旱地区，国际河流和其他水源地的使用权可能成为两国间战争的导火索。"世界银行前副行长伊斯梅尔·萨拉杰丁在 1995 年也曾表示："20 世纪的许多战争都是因石油而起的，而到了21 世纪，水将成为引发战争的根

源，除非我们改变其管理和利用方式。”世界水理事会前任主席洛克·福勋在2021年的一次演讲中，对水的未来所面临的机遇与挑战也做了重点阐述。

随着社会的发展进步，人口激增，经济腾飞，人类活动加剧，生态环境恶化，气候变化异常，温室效应显现。同时，地球上降雨减少，江河断流，湖泊萎缩，可用淡水量日益枯竭，同时洪旱灾害仍然频发。有水可用，水尽其利；善治水害，水安国安；人水和谐，永续发展！这是撰写本书的出发点，也是水利人的使命与担当。

▶▶上善若水：水是文明流脉

世界四大文明古国——古埃及、古巴比伦、古印度和中国的文明的产生都与河流有关。四大文明古国一个明显的共同特征是沿着水源充足、土地肥沃、河宽水缓、适于航行的河流发展。四大农耕社会分别成为人类文明的摇篮。我们通常所说的四大文明古国的历史，均与河流息息相关：古埃及文明沿着尼罗河形成；古巴比伦文明沿着底格里斯河和幼发拉底河展开；古印度文明沿着印度河和恒河形成；中华文明在黄河和长江中下游开启。有的文明因战争和自然灾害等原因而湮灭，但其文明成果仍薪火相传。延续至今的希腊文明、印度文明和中国夏商文明绵延不绝。对文明的起源和发展与河流的关系做简要回顾，有助于我们理解水、尊重水、爱护水。

➡➡尼罗河与古埃及文明

尼罗河是一条近乎完美的水道。古埃及人迁移至尼罗河两岸时，发现这里肥沃的黑土地特别适合耕作，从而定居于此并不断改进耕作技术，尼罗河谷地成了富裕的粮仓。人口增加，文字出现，大约于公元前 3500 年，古埃及进入了文明时代。

金字塔是古埃及文明的代表符号，狮身人面像一直是神秘的古埃及宗教与艺术的名片，木乃伊体现了古埃及人对灵与肉的关系的思考。

古埃及在科学技术和文化艺术等方面的成就斐然，对后世影响深远：数学知识高超，在几何学和历法等方面成就很大；医学发达，防腐技术和外科手术技术世界一流；加工工艺高超，工艺品精美，当时已使用莎草纸；象形文字影响到其后的腓尼基字母，而后者是希腊字母的母体；建筑宏伟，浮雕和壁画为其增光添彩。古埃及也十分重视教育，主要培养僧侣和文士，除教授文字和书写外，也传授计算和专业技能，如测量、水利、建筑和医学等。

古埃及是最早建立水军的国家，其水军不仅在战争中发挥了重要的运输作用，也促进了和平时期的贸易发展。古埃及的帆船和港口已经很先进。

古埃及地处沙漠干旱地区，降雨很少，但古埃及文明

萌生、农业发达、帝国强大。古希腊历史学家希罗多德游览古埃及时说:“古埃及是尼罗河的馈赠。”古埃及深深依赖和守护着尼罗河。古埃及法老头戴红白两色的皇冠，其中红色和白色分别代表三角洲和河谷流域。

➡➡两河流域与古巴比伦文明

美索不达米亚在希腊语中的意思是“河流之间的土地”,这里的“河流”即幼发拉底河和底格里斯河。两河带来的巨量泥沙在下游淤积,在广袤的西亚干旱大漠地带形成了一片沃土,适于耕作种植。两河孕育的古老文明，在人类文明史上无疑具有重要地位。古巴比伦文明因此也被称之为古美索不达米亚文明。

两河文明是历史上最早的文明之一,是公元前4000—公元前500年由两河流域众多民族共同创造的。最早的苏美尔人定居于两河流域,建立了城邦,设立了神庙,发明了楔形文字、太阴历、长度计量,制造了最早的车船,建造了拱形建筑。苏美尔人还掌握了农耕、建筑、灌溉等技术,创造了几何学、天文学、法律和算学等。其中，人工灌溉技术被较早地运用,保障了食品供应。苏美尔人、巴比伦人、亚述人、迦勒底人、波斯人等相继将两河文明不断融合、传承,向外传播。

两河文明对人类进步最重要的贡献是发明了楔形文字。楔形文字被认为是最早的文字。

幼发拉底河和底格里斯河促进了古代世界伟大文明的产生。从公元前4000—公元前3000年的苏美尔,到公元前1792年汉穆拉比领导下的古巴比伦王国,两河文明中心总体向河流的上游移动。由于幼发拉底河和底格里斯河的洪水很难预测,两河文明发展的关键是建设大规模水利工程,以有效控制洪水。

外族入侵是两河文明衰亡的直接原因,但也有研究认为,经年的灌溉导致土地盐碱化加重,粮食产量下降也是国力衰弱直至文明消亡的原因之一。

➡➡印度河与古印度文明

印度河、恒河和布拉马普特拉河(上游即我国的雅鲁藏布江)等均发源于或流经喜马拉雅山脉。雪原、冰川提供了丰沛的水源,吸引着印度先民,滋养了古印度文明。同时,高山阻挡了冷空气的流入,使其气候温和、雨量充裕。印度半岛三面环水,北面背对群山,形成了天然屏障,使古印度相对封闭而安全。

旧石器时代,古印度已有原始人类生活的遗迹。大约一万年前,古印度已出现村庄。到公元前3500年时,农业文明已经遍布印度河平原。此后,随着雅利安人的到来,古印度进入吠陀时代。游牧民族的放牧活动加剧了半干旱地区的荒漠化,文明的中心逐渐转移至恒河之滨。

古印度文明对世界文明发展的贡献巨大，在宗教、哲学、语言、文字、诗歌、艺术、科学技术等方面均独具特色，影响深远。古印度文明的宗教性、多样性、包容性、开放性均较强，经历了盛衰变化，但也一直在延续生发。

公元前2600—公元前1700年，印度河流域曾有过繁荣的青铜时代文明。印度河文明最迷人的特征之一是比古罗马早了2 000年的先进的城市水利。世界文化遗产摩亨佐·达罗遗址是印度河文明代表之一，在那里发现了当时最先进的供水和排污系统。大约1 000年后，随着铁的出现，印度的先进文明又集中出现在恒河流域，人们开始用铁斧砍伐丛林，用犁耙翻耕土地。

➡➡黄河、长江与中华文明

黄河、长江孕育出了灿烂悠久的中华文明。发源于黄河中上游的仰韶文化和发源于长江下游的河姆渡文化是世界上古时代发达文化的代表。

中华文明主要发源于黄河与长江中下游地区，主要的古文化遗址均分布在两河区域：黄河流域的马家窑文化、半坡文化、庙底沟文化、大汶口文化、仰韶文化等，长江流域的河姆渡文化、马家浜文化、青莲岗文化、大溪文化、良渚文化等。此外还有辽河流域的新乐文化、牛河梁的红山文化等。

中华民族的治水活动持续世代，绵延四千余载。它与中国的传统农业密切结合，形成了独具特色的东亚水利农业文化。古老的中华民族正是仰赖了水利农业的哺育，才得以生生不息，日新月异，发展成为拥有丰厚的物质文化积淀与灿烂的传统文化的伟大民族。从根本意义上可以说，中华古代文明就是水利农业文明，是物质文化生产与精神文化生产交融互摄、相与迭进的复合文明。覆及大半国土的庞大的水利农田网系，成为这一文明的坚实的骨架和丰盈的血脉。在这个水利农田网系基础上发展起来的耕作农业经济和手工业商业经济，成为这一文明丰满的"筋肉"。经过数千年群体治水实践的淘洗涤炼而形成的中华民族的特殊品格，成为这一文明卓异的灵魂。这一伟大的文明，是中华民族世代相继的劳作、思考、智慧的结晶。中国古代水利农田网系孕育、形成与发展的历程，几乎同我们民族的历史一样久远悠长。夏、商、周三代是它的孕育时期，秦、汉至隋唐时代是它的形成时期，宋、元、明、清时代是它的发展时期。

中华水利农业文明，沐浴历史的风雨，跨越岁月的沧桑，一直葆有着盎然生机，不断给予中华儿女以无涯惠泽。15世纪中叶以前，中国能够一直位居世界上经济发展、科技进步、文化昌明的先进大国之列，实赖水利农业文明为其根基。时至今日，中国的农田水利事业能不

断跃升、再度辉煌，能以世界7%的耕地，养活世界20%的人口，饮水思源，应感念先人开辟鸿蒙、薪火相传，为中华文明创下的千秋基业。

▶▶智者乐水：水是发展之基

水是生命之源，水是生产之要，水是生态之基。地球上因为有水，生命得以孕育，生产得以发展，生态得以友好。在人类的生存、生产和发展过程中，水发挥了关键性的作用。自古以来，人类一直在和水打交道，不断地了解水、利用水、管控水。对水的利用促进了生产力的发展，从而不断提升着人类的生活质量；而洪水、干旱、滑坡、泥石流、冰雪、风暴潮、海啸、水污染、水土流失等水患，成为人类生存和发展的主要威胁。水生态、水环境是人类生存和发展的制约要素和关键资源。人口增长、活动加剧，对水生态、水环境的影响甚至破坏不可避免，且呈日益严重的趋势，制约了人类的幸福生活和经济活动。如果不加以重视和治理，地球上的水会越来越少、越来越脏，地球将不再适合居住，更谈不上发展。从这个角度来讲，人类文明发展史可以说是一部用水史、治水史，而把水用好、把水管好，就首先需要“知水”：知晓水的重要，了解水的脾性，掌握水的规律，敬畏水的伟大。这样才能更好地兴水之利，除水之害，实现人水和谐，创造幸福生活。

地球上的水圈是一个永不停息的动态系统，海洋和陆地之间的水交换是这个循环的主线。在太阳能的作用下，海洋表面的水蒸发到大气中形成水汽，水汽随大气环流运动，一部分进入陆地上空，在一定条件下形成雨雪等降水，大气降水到达地面后转化为地下水、土壤水和地表或地下径流（降水、冰雪融水或灌溉用水等在重力作用下沿地表或地下汇聚流动的水流）。地下径流和地表径流最终又回到海洋，由此形成淡水的动态循环（图 1）。这部分淡水容易被人类社会所利用，具有经济价值，这就是我们所说的水资源。

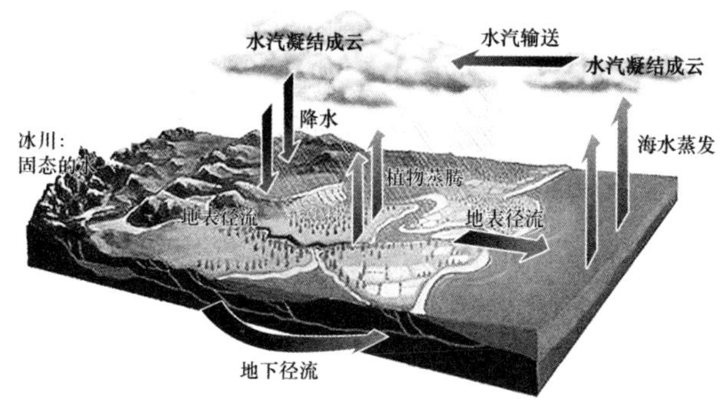

图 1 淡水的动态循环

水循环是联系地球各圈层和各种水体的“纽带”，是“调节器”。它调节了地球各圈层之间的能量，对气候变

化至为关键。水循环是“雕塑家”,它通过侵蚀、搬运和堆积,塑造了丰富多彩的地表形象。水循环是“传输带”,它是地表物质迁移的强大动力和主要载体。通过水循环,海洋不断地向陆地输送淡水,补充和更新陆地上的淡水,从而使水成为可再生资源。

地球上的水尽管总量巨大,但是能直接被人们生产和生活所利用的却非常少。首先,海水又咸又苦,不能饮用,不能灌溉,且因其有巨大的腐蚀性而难以大量用于工业。其次,地球上的淡水资源仅占总水量的 2.5%,在这少量的淡水资源中,又有很大一部分被冻结在冰川之中。人类真正能够利用的淡水资源是江河湖泊和地下水中的一部分,约占地球总水量的 0.26%。全球淡水资源不但短缺,而且分布极不平衡。按地区分布,巴西、俄罗斯、加拿大、中国、美国、印度尼西亚、印度、哥伦比亚和刚果等 9 个国家的淡水资源约占世界淡水资源的 60%。约占世界人口总数 40%的 80 个国家和地区严重缺水。

受自然地理和气候条件等的影响,全球的雨水分布差异很大,水问题各不相同。

亚洲地大人多,雨量分布极不均匀。东南亚受温润季风作用,水量较多,但季节性强,防洪压力突出;中亚、西亚及内陆地区干旱少雨,开辟水源和节约用水任务艰巨。

北美洲大部分地区雨量均匀,仅加拿大、美国和墨西哥的部分地区较为干旱，需要蓄水调剂和跨流域调水。加拿大、美国的大部分地区水资源丰富，开发利用程度高。密西西比河洪涝灾害严重，航运需求大，故需投入较多资金开发治理。

南美洲湿润多雨，亚马孙河为世界第一大河，水资源丰富，但人烟稀少，开发程度低。

非洲高温干旱，人均水资源拥有量最少，沙漠面积占陆地面积的三分之一，解决缺水和粮食问题成为重中之重。

欧洲得天独厚，大部分地区温和湿润，雨雪充足，分配均衡，河网稠密，自然条件优越，加之近现代科技发达，农业、水电和航运等均较先进。

我国河流密布，湖泊众多，但主要被几条大江、大河所“瓜分”，形成了各自的“势力范围”。由地表水及地下水分水线所包围的河流集水区，称为“流域”。流域内的所有水最终均汇聚到江河中，“积水成渊”，最后“百川归海”。流域内所有河流、湖泊等各种水体组成的水网系统，称作水系。我国境内河流主要流向太平洋，其次为印度洋，少量流入北冰洋。

中国境内七大水系均由河流构成，为“江河水系”，均属太平洋水系。这七大水系从北到南依次是松花江水系、辽河水系、海河水系、黄河水系、淮河水系、长江水系、珠江水系。

地表水还有一部分储存在湖泊中。中国湖泊众多。外流区域的湖泊都与外流河相通，湖能流进水，也能排出水，含盐分少，称为淡水湖，也称为排水湖。比较著名的淡水湖有鄱阳湖、洞庭湖、太湖、洪泽湖、巢湖等。内流区域的湖泊大多为内流河的归宿，湖只进水而不出水，又因蒸发旺盛，盐分较多，形成咸水湖，称为非排水湖，如中国最大的湖泊青海湖以及海拔较高的纳木错湖等。著名的高山湖泊有长白山天池、天山天池和日月潭等，往往是火山口所赐。人工筑坝形成的水库，往往成为美丽的风景区，也常被称为湖，如新安江水库的千岛湖、丰满水库的松花湖等。湖泊是重要的国土资源，具有河川径流调节、灌溉、工农业用水、渔业、航运、生态环境保护、矿产开发等多种功能，也自然成为风光秀美的旅游景区。湖泊对全球气候变化响应敏感，处于人与自然复杂系统中地球表层系统各圈层相互作用的联结点，是陆地水圈的重要组成部分，与生物圈、大气圈、岩石圈等关系密切，具有调节区域气候，记录区域环境变化，维持区域生态系统平衡和维持生物多样性的特殊功能。湖泊也承担着防洪“蓄水池”“滞水器”的作用，如洞庭湖、鄱阳湖与长江的关系。受全球气候变暖和人类活动加剧等影响，有些湖泊的面积在逐渐缩小甚至永久消失，需加大保护和恢复的力度。

湿地是指地表土常湿或经常积水、生长湿地生物的洼地，也泛指水深经常性低于2米的低地。按照广义定义，湿地仅覆盖地球表面的6%，却为20%的已知物种提供了生存环境，具有不可替代的生态功能，因此享有“地球之肾”的美誉。地球上有三大生态系统，即森林（地球之肺）、海洋（地球之心）和湿地（地球之肾）。湿地生态系统是湿地中植物、动物、微生物及其环境组成的统一整体，具有保护生物多样性、调节径流、改善水质、补充水源、调节局地气候以及提供食物和工业原料等多重功能。很多珍稀水禽的繁殖和迁徙都离不开湿地，因此湿地被称为“鸟类的乐园”。也因其独有的原生态魅力，湿地公园正成为人们旅游度假的天堂，比较著名的湿地公园有杭州西溪国家湿地公园、黑龙江扎龙湿地公园、四川若尔盖国家湿地公园、云南拉市海湿地公园等。随着气候的变化，湿地面积缩小甚至干涸是自然规律，但更多的破坏来自人类活动，如土壤酸化、土壤盐碱化、环境污染、围湖造田、泥沙淤积、河流改道等。保护湿地已成为广泛共识和国家行动。

地下水也是地球上水的重要组成部分，与人类社会有着密切的关系。地下水的储存犹如在地下形成一个巨大的水库，以其稳定的供水条件、良好的水质而成为农业灌溉、工矿企业以及城市生活用水的重要来源，成为人类社会必不可少的重要水资源。尤其是在地表缺水的干旱、半干旱地区，地下水常常成为当地的主要水源。

我国水资源短缺的现状将持续存在，调水和水资源开发、雨洪水利用、海绵城市建设等难以从根本上解决“水少”的问题。同时，我国用水浪费严重，水资源利用效率较低。目前，我国农业用水利用率很低，工业用水重复利用率低。因此，加强我国水资源的开发、保护以及管理，重视节水、降耗，走可持续发展之路，是解决我国水资源短缺、水污染严重等问题的必然选择。

纵观水利史，中国一直面临着水多（洪涝灾害）、水少（干旱缺水）、水浑（水土流失）、水脏（水污染）四大水问题。中华民族薪火相传，战天斗地，古有郑国渠、灵渠、世界灌溉工程遗产的都江堰，今有龙羊峡、小浪底、三峡水利枢纽工程、南水北调工程等伟大的水利枢纽工程，水资源发挥着巨大的防洪、发电、供水、灌溉、航运、生态和旅游等综合作用。

“水能载舟，亦能覆舟。”我们对水已经有了宏观的认识，但最终目的是要兴水利、除水害，下面就分别讲述水之利和水之害，以及如何兴利除害。

➡➡用水：水利万物而不争

水的用途极其广泛，可以说没有哪一种生物、哪一个产业不与水打交道，但各产业的用水方式不同。比如水力发电利用的是水的能量，航运、渔业、旅游等利用的是水体环境，它们本身不消耗水，而农田灌溉、工业生产、居民生活需要消耗一定量的水。有时同一个水体也能够同时满足多个用水者的需要，这就是常说的“一水多用”。

❖❖饮水

水乃生命之源，人可以“食无肉”，但绝不可“饮无水”。我国有超过14亿人口，一个人按平均每天需要2升饮用水计算，一天就需要超过280万吨饮用水(不包括日常生活用水)。饮水安全主要指饮水水质安全和饮水水量保障，停水或断水是“要命”的事情，因此，供水管网是“生命线”。

❖❖灌溉

“水利是农业的命脉。”人们常说“有收无收在于水，多收少收在于肥”，由此可见水利对于农业是多么重要，水利对于中国这样的农耕社会而言尤为重要。现在，我国农田有效灌溉面积位居世界第一，以约占全球6%的淡水资源、7%的耕地解决了占全球20%的人口的吃饭问题，让中国人民手中的饭碗端得更牢，也为保障世界粮食安全做出了重大贡献。

❖❖发电

河流从发源地向海洋或湖泊自然流动，依靠的是河道的坡度，从而使水具有动能和势能。人类很早就发现了水流的能量，制造了水车和水磨等简单的水力装置。随着工业技术的发展，人们发明了水力机械和发电装置，初期仅仅利用水的动能发电，后期就可以筑坝以提高水

位，形成更大的局部水头差，利用水的势能发电。常规的水力发电采取集中水头和调节径流等措施，把天然水流中蕴有的势能和动能通过水轮机转换为机械能，再通过发电机转换为电能，最后经输变电设施将电能送入电力系统或直接供电给用户(图2)。水力发电有多种形式：利用河川径流水能发电的为常规水电；利用海洋潮汐能发电的为潮汐发电；利用波浪能发电的为波浪发电；利用电网中负荷低谷时的多余电力，将下游水库的水抽到上游水库蓄能，待电网用电高峰时，放水回到下游水库发电的为抽水蓄能发电。

图2　水力发电原理

水力发电是重要的能源之一。太阳能把浩瀚的海洋水蒸发，降雨、融雪后汇入河流、注入海洋，这是一个永不停歇的往复过程。只要在河流的合适位置修建水库和电站，拦蓄河水，提高水头，就可以发电。发电做功之后的水依旧流入河流。这一过程并不需要消耗水量，因此可以说水力发电是取之不尽的廉价能源。

❖❖航运

在我国南方，许多江河水量充沛，河道航运由于运输量大，成本低廉，成为重要的交通运输方式。最早生活在河边的人就已经利用河流进行运输，木筏、独木舟、羊皮筏等运输工具各具特色。后来船只越来越大，形成了水旱码头，天然河流之外还要开凿运河；内河不足以驰骋，又开始了远海航行。在江南的村庄小镇，河道纵横，人们也大量使用船只作为交通工具。水乡古镇家家有船、户户是港，可以摆渡、运输，船家也成为一种谋生方式。随着经济的发展，运输量激增，船舶吨位增大，需要更大的水深、更宽阔的河道、更安全的港湾，大型码头、河道疏浚、过坝船闸升船机、防波堤、防浪墙、导航引航等应运而生。

❖❖渔业

人工挖掘的池塘用于水产养殖，会占用耕地，且规模小，水产品质量差。筑坝形成的水库，除发挥防洪、发电和灌溉等功能外，同时发展渔业也独具优越性，且水库的水是循环补充的，水质与水量均有保证，养殖成本相对较低。

❖❖生态

山水林田湖草是一个生命共同体。生态保护与水利

建设从来都不是割裂开的对立体，而是一个整体系统的两面，是既对立又统一的矛盾体。

水利枢纽工程拦蓄洪水，保护下游两岸人民的生命及房屋、耕地、作物、树木以及动物等，这些是对生态环境的重大保护。水库在枯水季节放水，使得下游山清水秀，有利于生态发展；水库蓄水形成的大面积水域，有利于动植物的繁殖栖息；高温夏季，水库可以通过水的蒸发吸收大量的热；低温冬季，水库可以向大气散发热量。水库周围冬暖夏凉，特别宜居。这些都是水利带来的生态效益。

旅游

青山绿水，美景相随。原生态水景素颜俊秀雄奇，人工水景浓妆淡抹也相宜。截至 2021 年 2 月，我国累计批准国家级水利风景区 878 个。古有都江堰，今有三峡大坝，水利景观融工程的科学技术之美、江湖的奇山阔水之美和创造的人文历史之美于一体，独美之美、兼美之美。

治水：五害之属，水最为大

洪水

洪水是指河流、海洋、湖泊等水体上涨超过一定水位，越过河道和堤防而漫溢，威胁两岸人民生命财产安全的灾害性来水。我国发生的洪水主要由暴雨造成。我国地处太平洋西岸，受季风性气候影响，夏季炎热，暴雨集中，具有降雨强度大、持续时间长、覆盖范围广等特点。世界其他国家也面临着洪水威胁，尤其是大江大河地区。以下列举若干国内外历史上有记载的大洪水，以彰其害。

1153 年，长江流域发生有记载以来最早的特大洪水。1593 年，淮河发生历史上最为惨重的洪涝灾害。1668 年，海河五大水系同时发生大洪灾，140 多个州县受灾。1761 年，黄河流域 10 天降雨引发特大洪灾，决口 26 处，淹没了河南的10 个州县。1843 年，黄河中游发生千年一遇的大洪灾，淹没了上万个村庄。1870 年，长江中上游发生罕见特大洪灾，记载称“雨如悬绳，连七昼夜”，川鄂湘三省 70 多个州县受灾严重。1889 年，美国南福克水库大坝因管理混乱导致决口，引发洪灾，数千人遇难。1915 年，珠江流域发生特大洪水，广州三角洲地区灾民达 300 多万人，死伤 10 余万人。1930 年，辽宁西部大凌河流域罕见暴雨引发特大洪水，24 小时降雨量达到 1 000 毫米，受灾人口为 200 多万，死伤上万人。1975 年，淮河流域特大暴雨导致板桥、石漫滩等 10 余座大坝垮坝，洪水使安徽、河南两省遭受重创，受灾人口近 1 000 万。1998 年，长江、嫩江、松花江、珠江并发特大洪灾，我国遭遇南北洪水的夹攻，波及29 个省区市，受灾人口达 2 亿。

2021 年夏季，河南省局地发生特大洪灾，据初步统计，受灾人口约 1 391 万，农作物受灾面积约 1 028 万平方米。其中郑州市单日降雨量为 201.9 毫米，3 天降雨量为617.1 毫米，导致 292 人遇难，47 人失踪。

✣✣干旱

降雨少，气温高，可导致人无水可喝，地无水可灌。干旱从古至今都是人类面临的主要自然灾害之一，目前和今后的干旱化趋势已成为全球关注的问题。大旱对农业影响严重，对农耕社会影响更甚。大旱会使粮食产量降低甚至绝收，农民收入锐减甚至饥饿死亡，民不聊生。大灾荒甚至会导致难民成山，引发暴动迭起。仅举一些典型旱灾加以认识：1877—1878 年，中国发生了罕见特大旱灾——“丁戊奇荒”。1922—1932 年，黄河流域连续 11 年大旱。1941—1942 年，北方大旱，黄河流域，特别是河南省受灾极为惨重。1959—1961 年，全国 3 年连旱，粮食大幅度减产。1983—1985 年，非洲的大旱灾被联合国称为“非洲近代史上最大的人类灾难”。2021 年春，持续气象干旱导致我国华南和台湾地区出现旱情。

✣✣水污染

人类活动会造成水体污染，人畜饮用不干净的水，就会生病甚至慢性死亡。同时，没有水也很难有良好的卫生条件。污染的水和卫生条件差与各种疾病传播相关，如霍乱、腹泻、痢疾、甲肝、伤寒、脊髓灰质炎等。

如果城市、工业和农业废水的管理不到位，人们的饮用水则会受到污染。在世界许多地方，在水中繁殖或栖息的昆虫携带和传播的登革热等各种疾病，给人们带来巨大灾难。农村地区80%的传染病是由厕所粪便污染和饮用水不卫生引起的，在一些发展中国家逐渐兴起了“厕所革命”，农民也逐渐接受了饭前便后洗手、不喝生水、不吃生食的卫生习惯。

此外，还有城市中的黑臭水体问题。城市发展越快的地区，黑臭水体问题越严重。历史上著名的水污染事件有：1956年，日本爆发水俣病。2005年，松花江污染事件震惊了世界。2007年，太湖突然爆发大规模蓝藻污染，污染了无锡市的自来水。

海洋环境被污染，在某些海域，尤其是近海，后果也是比较严重的。污染源主要包括工农业废水、生活用水和废弃物的排放，船舶漏油，海洋牧场过度养殖，填海造地和滩涂养殖等。2021年4月，日本福岛核事故中核废水的排放，其影响将是长远的、广域的和不可确定的，引起了全世界，尤其是环太平洋周边国家及地区的普遍反对和担忧。

✣✣海啸

海啸是由海底地震、火山爆发、海底滑坡或气象变化

产生的破坏性海浪。海啸主要受海底地形、海岸线几何形状及波浪特性的控制，呼啸的海浪水墙每隔数分钟或数十分钟就重复一次，摧毁堤岸，淹没陆地，夺走生命财产，破坏力极大。全球的海啸发生区大致与地震带一致，有记载的破坏性海啸大约有260次，平均六七年发生一次。

例如，1755年，里斯本附近的大西洋海域发生8.0级以上地震，余震持续了9个月，引发海啸；1960年，智利因大地震引发海啸，在地震22小时后，海啸波甚至传至日本；2004年，印度洋大地震波及了印尼苏门答腊岛海岸，引发大海啸，持续时间长达10分钟。

✣✣风暴

风暴泛指强烈天气系统过境时出现的天气过程，特指伴有强风或强降水的天气系统，如台风、龙卷风、雷暴、低气压、寒潮等强烈天气系统造成的大风、暴雨。一般在热带或副热带地区的风力需达到6级以上，而在中、高纬度地区的风力需达到8级以上，才能称为风暴。例如：1970年，发生在孟加拉国的特大热带风暴；2005年，发生在美国的“卡特里娜”飓风；2008年，发生在缅甸的强热带风暴“纳尔吉斯”。

✣✣冰雪灾害

冰雪灾害泛指由冰川引起的灾害和由积雪、降雪引起的雪灾。冰雪灾害对工程设施、交通运输和人民生命财产造成直接破坏，是比较严重的自然灾害。

例如，2008 年，中国发生了大范围低温、雨雪、冰冻等自然灾害，20 个省区市均不同程度受到灾害影响，暴风雪造成多处铁路、公路、民航交通中断。

寻根溯源：水利工程的起源与发展

行路难！行路难！多歧路，今安在？长风破浪会有时，直挂云帆济沧海。

——李白

▶▶源远流长：水利的内涵和源流

水利工程是对自然界的地表水和地下水通过一定措施进行控制和调配，以达到兴水利、除水害的目的而修建的工程。

原始游牧时期，社会生产力极其低下，对自然界的水，除了用来满足生活所需之外，只能趋利避害，消极适应，并无工程措施。

出现部落定居、产生农业之后，需水量日益增多。在满足人畜饮用之外，为增加作物产量，人们通过从附近河流向耕地引水来进行灌溉，并发明了扬水灌溉的水车等，产生了最初的供水工程。人们发明了挖水井的技术，利用水井对水进行储存。为抵御洪水，人们开始修筑堤防。

之后为了运输产品的方便，人们逐渐开展了水上运输。

此后，人们对水的需求越来越大，治水要求越来越高，水利工程规模也随之扩大，直至现代的超大规模水利工程，如三峡大坝、南水北调工程等。

古代文献中所记载的“水利”含义与现代意义上的“水利”含义有所不同。战国末期的《吕氏春秋》中所记载的“取水利”泛指捕鱼之利。中国第一部水利通史《史记·河渠书》中记载了从大禹治水到汉武帝亲临现场督察堵塞黄河瓠子决口这一时期内一系列治河防洪、开渠通航和引水灌溉的史实，自此，水利一词就被赋予了防洪、灌溉、航运等兴水利、除水害的含义。中国水利学会第三届年会的决议中曾指出：“水利范围应包括防洪、排水、灌溉、水力、水道、给水、污渠、港工八种工程在内。”进入 20 世纪后半叶，水利中又增加了水土保持、水资源保护等新内容，从而使水利的含义更加广泛，便有了现代水利的含义。

➡➡防洪

人类与洪水做斗争的历史悠久。在原始社会，人类对洪水主要采取避让的方法。随着生活方式变为定居，为了保障生命财产的安全，人们便采用堵截的方法抵御洪水，从而有了水利工程的雏形。

公元前 3400 年，古埃及人修建了尼罗河左岸的大堤来保护居住地和农田。约 400 年后，古埃及人对绿

洲的天然洼地进行改造，用来防洪和灌溉，这些改造后的天然洼地已初步具备水库形态。我国最早的运河水库是汉朝的陈公塘。陈公塘主要起灌溉和调节作用。

公元前2000年左右，美索不达米亚地区已有了完整的保护土地的堤防，但堤防无法抵御较大洪水且有溃堤的风险。在同时期，大禹采用疏导措施将洪水排入湖泊、海洋，防洪发展到了疏导与堤防相结合的阶段。

公元前9世纪，德国人利用筑堤和裁弯取直的方式整治河道。

到19世纪左右，随着科技的发展，一些正规的防洪工程，如俄国库班河工程和中国台湾虎头埤水库等开始出现，防洪工程得到了很大发展。单一防洪发展为防洪、排涝、灌溉、航运、水产养殖等综合开发治理，之后人们还提出了洪泛区管理、洪水预报预警、水库防洪调节调度等非工程措施。

20世纪，出现了由国家直接组织的现代化防洪工程和防洪法案。大型堤防、闸坝、水库、蓄滞洪区等工程措施发挥了极大作用。

中国是世界上发生水旱灾害较多的国家之一，治水一直是中国水利工程的重中之重。

➡➡排水与灌溉

在干旱季节和干旱地区，天然水分无法满足作物生长需求，这时就需要人工补充土壤水分。但田地中水分一旦过多，作物就会因水的浸泡而腐烂，所以排水与灌溉同样重要。

灌溉的历史悠久。中国、埃及和印度是世界上发展灌溉农业的古老国家。夏商时期，中国已经在井田中布置沟渠进行灌溉排水。春秋时期，随着对地下水的开采利用，中国已经可以利用桔槔提取井水并浇灌园圃，且很长时间内多以自流泉水和人畜力提水的浅井为主。

引水灌溉是最早的地表灌溉方式，主要利用自然落差进行灌溉。秦朝李冰组织修建的都江堰，是世界闻名的无坝引水灌溉工程。埃及人在尼罗河畔进行过洪水灌溉，巴基斯坦人在印度河流域进行过引水灌溉。

19 世纪，随着水泵、热力机和电动机的发展，机电排灌排涝开始出现，它逐步取代了依靠人力、畜力拖动的排灌方式。现代排灌技术的发展可以使有限的耕地养活更多的人口。

随着水资源的日益短缺，大水漫灌的传统灌溉技术已不再适用。滴灌、喷灌等节水灌溉技术满足作物需水量的同时，也使水资源得到高效利用。

➡➡水力发电

水力发电是利用河流中水体所具有的流动动能和由一段河道的高程差所产生的势能，推动水力机械旋转产

生机械能，再通过电磁感应转化为电能的发电过程。

我国汉朝，垂直放置的集水车在水流的带动下，车轮转动，从而带动杵锤碾谷、碎石和造纸。早期的水磨、水车均是利用水能的原始方式，后来为了提高水头，人类也逐渐学会筑坝以提高落差，增大其势能。

人类利用水能发电已有140多年的历史。1827年，法国工程师伯努瓦·富尔内隆开发了最早的反击式水轮机。1849年，美国工程师J. B. 弗朗西斯开发了第一个现代混流式水轮机，直至今天仍在世界上广泛使用。1878年，世界上第一座水力发电站——沿革水电站开始发电，英格兰诺森伯兰乡村小屋的一盏灯被点亮了。1882年，第一家服务于私人和商业用户的水电厂出现在美国威斯康星州。接下来的十年间，数以百计的水电厂投产运行。

自20世纪30年代起，大型水电站不断建设，水电开发如火如荼，清洁可再生的水能利用为世界经济发展提供了强大动力，如美国的大古力工程、胡佛大坝，苏联的第聂伯河水电站，尼罗河水坝，伊泰普水电站，中国的三峡大坝等。

进入21世纪，水电继续推动世界各地的经济增长。例如，巴西已成为世界最大的新兴经济体之一，在这一过程中，水电发挥了关键作用。因此，水电事业的发展，对于居民生活的改善、文化的提高、经济的发展都具有重要的作用。

电力的储存十分困难。当多余的电力不能被使用时，水流就被浪费了。现代的储能方式有很多种，例如，抽水蓄能、压缩空气储能、飞轮储能、超导磁储能、超级电容器储能、电池储能、热储能等，其中抽水蓄能是技术最成熟、成本最低、容量最大的储能技术，其原理是在电能过剩时将下水库的水抽至上水库存蓄，需要用电时再放水发电(图 3)。

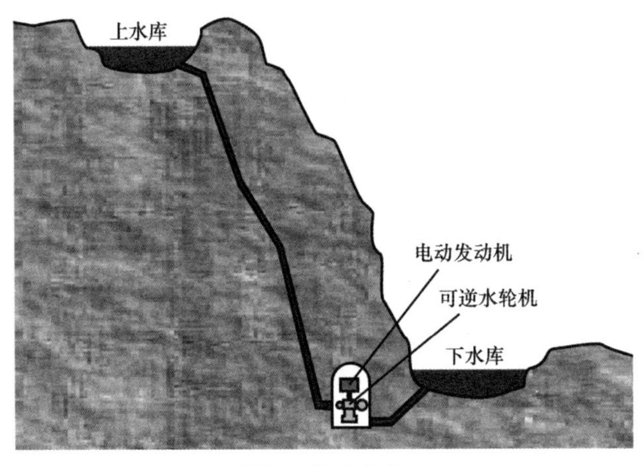

图 3　抽水蓄能

➡➡港口航运

港口是指港湾和口岸。港湾往往是用来停靠船舶的，而口岸往往是开放的。港口的字面意思是允许船舶停靠的端口。港口严谨的定义是：位于水、陆交界处人与

货物的出入口，通常具有足够的水深，受风浪影响较小，可供船舶安全进出和停泊的运输枢纽。

最早的港口有天然掩护的海湾、水湾、河口等场所，供船舶停泊。经历了舟筏时代、帆船时代、蒸汽机时代和柴油机时代，现在已发展到大型船舶的水运现代化阶段。

公元前1000年，欧洲已经在地中海沿岸开始了航海和筑港。我国在战国至秦时期于渤海、黄海之滨建成碣石、转附、琅琊等海港。这个时期，港口是一个进行贸易、商品交换以及接受属国贡物的重要场所。

随着港口的发展，铁路和公路及内河等运输把内陆城市和沿海港口连接起来，国际贸易得到了迅速发展。天然港口不再能满足需要，需要建设码头、防波堤等设施，疏浚河道和港内航道，并装备装卸机具等设备，人工港口进入大发展时代。

19世纪初，以蒸汽机为动力的船舶的吨位、尺度和吃水不断增大，促使了深水港池和进港航道的建设以及挖泥船等工程设备的开发，现代港口呼之欲出。

第二次世界大战后，集装箱运输的发展极大促进了生产的全球化及国际分工体系的发展，港口信息化也不断发展，现代港口大量出现。石油、粮食、矿石等特定商品的运输，也催生了专用的船只和码头。

水运的常用通道是河流、湖泊和海洋等天然水域。

但当水路不通或过于狭窄时，就需要人工拓宽、开凿水道和疏浚加深，人工运河应运而生。著名的人工运河有京杭大运河、巴拿马运河和苏伊士运河等。

➡➡水土保持

水和土是人类赖以生存的基本物质，是农业的重要基础。顾名思义，水土保持就是要保障土壤不随水而逝，同时保障土中富含适量的水分，从而使土有肥力、有水分。水土流失严重，土地就不再适合耕种，甚至会沙漠化。

水土保持自古有之。公元前 956 年，中国的《吕刑》中就有"平水土""平治水土"的记载。欧洲文艺复兴时期，阿尔卑斯山区各国采取了以恢复森林为中心的森林复旧工程，取得了一定的成效。1882 年，奥地利维也纳农业大学设立了荒溪治理专业。1868 年，日本明治维新以后，以关东山洪及泥石流灾害防治为契机，在"治水在于治山"的传统思想的基础上，吸收欧洲荒溪治理经验，在 1928 年创立了具有日本特色的砂防工学。

在中国古代的富裕地区，由于人口激增，过度开垦种植，水土流失严重，如以前富饶的秦岭地区就成为黄土高原。1950 年前后，中国水土流失加重，治理黄土高原等地区成为水土保持的重点。水土保持治理技术也在不断发展。

➡➡水资源开发与保护

水是最宝贵的资源之一，保护水资源和开发水资源是人类最重要的经济活动之一。

早在公元前4世纪，波斯地区的居民就有不向河里排尿、吐痰，不在河里洗手等规定，这可以说是最原始的水资源保护。现代的水资源保护是伴随着人类社会活动和经济活动的不断发展而出现的。

初期的水资源保护，主要是防治城市生活污水造成的以病原体为主的生物污染。18世纪，欧洲一些大城市多次暴发疾病，为了防止传染病的发生，进行了初始水资源保护，并发展了简易的水处理设施和技术。

随着人口增加、工业发展、化肥和农药的使用，一方面，人均水资源拥有量越来越少，优质水资源越来越稀缺；另一方面，水体污染越来越严重，不仅导致水无法使用，还导致水生态、水环境的恶化。

因此，一方面要保持水的有效供给，世界各地建设了很多水库以及引水调水工程，就是为了调节水的时空分布不均衡；另一方面要高效用水和节约用水，进行水资源优化配置，合理分配各方面用水需求。同时要注意开发与保护并重，保护水生态、水环境，实现人水和谐。

中国水资源短缺严重，应根据水资源时空分布、演化规律来调整和控制人们的各种取用水行为，使水资源系统维持良性循环状态，以达到水资源的永续利用。

▶▶海纳百川：世界水利发展简史

人类社会的发展历史一般可分为古代、近代和现代三个阶段，水利史也可以据此分期进行叙述。从人类有史以来到18世纪中期，为世界水利的古代发展阶段；18世纪后期和19世纪，及至20世纪40年代前后，世界水利处于近代发展阶段；20世纪40年代以后，世界水利进入现代发展阶段。

➡➡古代发展阶段

公元前4400年，古埃及人就开始引水淤灌尼罗河沿岸平原，开启了早期人类主动利用水资源的历史。

公元前3400年，古埃及美尼斯王朝在尼罗河河谷平原开发引洪淤灌。尼罗河河谷平原的淤灌，使土壤一直保持肥力，促进了古埃及的经济繁荣及文明的发展。

公元前3000年前后，印度河流域和恒河流域陆续出现了水利工程。

公元前2900年，美尼斯王朝修建了向首都孟斐斯城供水的拦河坝、渠道和渡槽等。

公元前2300年，古埃及人在法尤姆盆地建造了美利斯水库，水库经调蓄后用于灌溉。

公元前 2200—公元前 1000 年，古巴比伦王国在美索不达米亚平原大规模引水灌溉，使之成为中东地区最富饶的农业区，从而创造了历史上灿烂的古巴比伦文明。

公元前 1500—公元前 1200 年的吠陀经典中，有对水坝、渠道、水井和塘堰的记载。

公元前 1050 年，柬埔寨在吴哥窟附近修建了暹粒河灌区。

公元前 1000 年，阿拉伯人建造了一条拱形输水道，为开罗供水。

公元前 800 年左右，乌拉尔图王国修建了向首都图什帕城供水的渠道，全长 56 千米。

公元前 700 年左右，以色列修建了一条长 530 米、高 2 米的输水隧洞，向耶路撒冷供水。

公元前 700 年，希腊人最先采用青铜管或加固木管制的虹吸管，建造了长度为 426 米、向萨摩斯城供水的隧道。

公元前 300 年，古罗马人制作了一种黏土材料。这种黏土材料具有凝聚力强、坚固耐用、不透水等特性，在古罗马得到了广泛应用，大大促进了古罗马建筑结构的发展。一些水利工程也应用了这种黏土材料。

公元前 300 年,阿基米德创作了第一部流体静力学著作《论浮体》,提出了著名的阿基米德原理,为流体静力学奠定了早期基础。

中世纪以前,水利行业一直保持着平稳的发展态势。自 17 世纪以后,水利科学技术有了较快的发展。

1642 年,法国建成了布丽亚尔运河,同时沿线建有 40 座船闸。

1687 年,英国水文学家埃德蒙·哈雷首先应用蒸发器测定了水面蒸发量。

1738 年,瑞士数学家丹尼尔·伯努利出版了《流体动力学》一书。这在流体力学史上具有里程碑意义。

1754 年,瑞士数学家欧拉导出了叶片式水力机械的基本方程,奠定了离心泵和其他叶片式水力机械的理论基础。

1807 年,美国的富尔顿制成了第一艘实用的明轮推进的蒸汽机轮船"克莱蒙脱"号。从此,水上运输工具发生了划时代的变革。

1821 年,英国工程技术人员开始在印度河及其支流上改建和修建水利引水工程,改无坝引水为有坝引水,从而实现蓄水灌溉,解决水资源短缺问题。

1831 年,英国物理学家法拉第发现电磁感应现象。

同年10月，法拉第发明了圆盘发电机。法拉第发明的圆盘发电机是人类创造出的第一个发电机。

➡➡近代发展阶段

中世纪及其以前的水利科学技术虽然不断发展，但理论基础薄弱，无法进行较准确的定量计算，水利工程建设主要依靠经验。欧洲文艺复兴以后，情况开始有所变化。19世纪是世界水利事业快速发展时期，这对于发展社会生产力、促进产业革命具有重要作用。特别是19世纪中期以来，随着社会生产的迅速发展，水利科学技术也有了较快的发展。

19世纪中叶，凯特勒将概率论与统计学分析方法应用到水文分析计算中，预测极端水文事件发生的概率，为防洪抗旱提供了依据。

1869年，苏伊士运河建成通航。

1878年，法国建成了世界上第一座水电站——沿革水电站。

1895年，德国的基尔运河建成通航。

1898年，德国莱茵费尔登的一座12.5兆瓦容量的发电站建成了三级、6 800伏的输电系统，开创了将水能转变成电能的水电事业。这是欧洲早期大功率水力发电的里程碑事件。

1914 年，被誉为世界七大工程奇迹之一、“世界桥梁”的巴拿马运河通航。

1930 年，英国颁布了《水库法》，保障水库的安全运行。

1936 年，世界上第一个大型水利枢纽工程胡佛大坝建成。它被评为近代美国土木工程七大奇迹之一。

➡➡现代发展阶段

人口增长，城市化加剧，科学技术突飞猛进，材料、机械、电气等行业快速发展，为水利工程建设提供了需求和条件。

1954 年，以尼罗河为水源，维多利亚湖为库的欧文瀑布水库建成，总库容达 2 048 亿立方米，为目前世界上库容最大的水库。

1962 年，目前世界上最高的混凝土重力坝——大迪克桑斯坝建成。

1970 年，埃及尼罗河上的大型水利工程——阿斯旺水坝竣工。

1980 年，塔吉克斯坦共和国建成高达 300 米的努列克坝，成为当时世界最高坝。

1980 年，世界上第一座振动碾压混凝土重力坝——岛地川坝在日本建成。

1980年，哥伦比亚河上众多坝中最大、最复杂的一座水电站——大古力水电站建成。

1982年，泰晤士河防潮闸建成。泰晤士河防潮闸是英国重要的防洪与通航建筑物。

1986年，荷兰东斯海尔德挡潮闸建成。东斯海尔德挡潮闸是目前世界最高和规模最大的水中装配式水闸。

1987年，苏联最大的水电站——萨扬—舒申斯克水电站建成，拱坝坝高242米，为当时世界之最。

1989年，苏联的罗贡坝建成。罗贡坝是世界最高的土石坝，也是目前世界最高坝。最大坝高达335米，水电装机容量达360万千瓦。

1991年，巴拉那河上的伊泰普水电站建成。伊泰普水电站是三峡工程之前世界最大水电站。

▶▶万古江河：中国水利发展简史

中国是最早修建水利工程的国家之一。中国属于典型的农耕文化，水利与社会的盛衰关系最为密切。

➡➡中国古代水利

中国古代水利始于公元前2000年或更早。在河南省渑池县仰韶村、山西省夏县东阴村、陕西省西安市半坡村、浙江省余姚市河姆渡等遗址中，都先后发现了人类主动取水或排水的遗迹。河南省登封市王城岗考古发掘的龙山文化，证明我国在公元前2800—公元前2000年已经有了凿井技术。在发掘中，还发现了陶制排水管道。

公元前1600—公元前1100年，商朝实行井田制度，这是最早有关灌溉排涝的水利文字记载。

公元前1000年前后，西周时期形成了初级农田水利体系。

春秋时期，楚国令尹孙叔敖修建了期思雩娄灌区和芍陂水利工程。

战国时期，魏国人西门豹主持修建了引漳十二渠。

公元前259年，一个名叫郑国的人修筑了郑国渠。

公元前256年，李冰主持修建了都江堰水利工程。

秦始皇统一六国后，派史禄领导开凿了人工运河——灵渠。灵渠是世界上最古老的人工运河之一，也是世界上第一条等高线运河。

汉朝时期，中国建立了广州港，开始同东南亚和印度洋沿岸各国通商。

西汉时期，荒漠地区出现了新型灌溉工程形式——坎儿井。

西汉末期，贾让提出了“治河三策”。“治河三策”是我国治理黄河史上第一个兴利除害的综合性规划，也是流传下来的最早的比较全面、系统的治河文献。

东汉时期，王景采用“堰流法”治理黄河，取得了成功。

东汉时期，著名水利专家马臻修建了陂塘灌溉工程——鉴湖。

东汉末年，汉灵帝命毕岚造“翻车”。“翻车”即现在的水车。

公元前95年，赵中大夫白公建议修建一条引泾水的重要渠道——白渠。

隋朝时期，人们发明了筒车。筒车是一种以水流做动力，取水灌田的工具。

隋唐时期，修建（整修）通济渠、江南运河等，最终形成了以漕运为主的隋唐大运河。

唐朝时期，我国颁布了历史上第一部由中央政府制定的综合性水法——《水部式》，并把发展水利作为考核地方官吏政绩的一个重要标准。

714年，由县令戴谦带领开凿的千亩渠可灌溉田地数千万平方米。

盛唐时期，姜师度主政治水，大兴水利。姜师度因此成为一代治水名家。

北宋时期，沈括主持治理汴水的工程，测量单位精确到了寸、分，这在世界水利史上是一个创举。

元代，京杭运河开通，它是“大运河”的一条干线。

南宋时期，义乌历史上最早的水利工程——蜀墅塘水利工程建成。蜀墅塘水利工程是古代水库的雏形。

清朝康熙年间，兴修鱼鳞大石塘工程，起到了护岸、抗冲刷的作用。

➡➡中国近代水利

晚清和中华民国初期，社会动荡，国力不强，科技落后，大量古老的水利工程年久失修，新的水利建设断断续续，发展缓慢。

1902 年，黄河山东河防开始用电报报汛。

1912 年，在云南省昆明市郊建成了我国第一座水力发电站——石龙坝水电站。

1923 年，位于北江大堤上的一座大型分洪闸——芦苞水闸建成完工。

1931 年，中国水利工程学会成立。在此前后，水利类高等学校开始创办，水工实验所开始设立。张謇主持编制的《江淮水利施工计划书》运用了现代水利技术。

1932 年，陕西泾惠渠灌区建成，这是中国第一座近代有坝引水灌溉工程。到 1934 年，灌溉面积达 3.8 万公顷。

1936 年，邵伯“新式”船闸建成。邵伯“新式”船闸是中国最早的现代化船闸，具有里程碑意义。

➡➡中国现代水利

1943 年，中国第一座大型水电站——丰满水电站建成（图 4）。

图 4 中国第一座大型水电站——丰满水电站

1948 年，我党我军的第一座水力发电厂——沕沕水水电站建成。

1951 年，毛泽东亲笔题词“一定要把淮河修好”。1952 年，毛泽东提出“要把黄河的事情办好”的要求，亲笔题词“为广大人民的利益，争取荆江分洪工程的胜利！”。中国开始了大规模的水利建设，以防洪抗旱为主。

1953 年以前，中国集中力量进行江河堤防加固，对原有灌排工程进行整修，建设小型农田水利工程。

1956 年，中国第一座混凝土宽缝重力坝——古田溪重力坝建成。

1960 年，有“黄河第一坝”之称的三门峡水利枢纽建成。

1960 年，我国自行勘测设计、自制设备、自己施工的第一个大型水电站——新安江水电站开始发电。

1963 年，海河发生特大洪水，毛泽东题词“一定要根治海河”。

1973 年，汉江上第一座大型水电站——丹江口水电站建成。

1974 年，中国首座百万千瓦以上的大型水电站——刘家峡水电站建成。

1974 年，台湾地区大甲溪梯级水电站的龙头电站、台湾地区最高的水坝——德基水电站建成。

1985 年，台湾地区明湖抽水蓄能电站第一台机组投产运行。

1986 年，黄河防洪体系的龙头水库——龙羊峡水电站下闸蓄水。

1986 年，中国第一座双向潮汐电站——江厦潮汐电站在浙江省建成。

1988 年，长江上第一座大型水电站——葛洲坝水电

站竣工。

1991 年，世界上海拔最高的抽水蓄能电站——西藏羊卓雍湖抽水蓄能电站建成。

1994 年，世界大型抽水蓄能电站之一——广州抽水蓄能电站一期工程建成。

2001 年，小浪底水电站建成。小浪底水电站被中外水利专家视为当时世界上最复杂、最具有挑战性的水利工程。

2004 年，中国水电装机容量突破 1 亿千瓦，跃居世界第一。

2006 年，世界上规模最大的水电站——三峡水利枢纽工程主体完工。

2011 年，我国变电容量达到 22 亿千伏安，电网规模超过美国，成为世界第一。

2013 年，锦屏一级水电站建成。水电站坝型为混凝土双曲拱坝，是世界同类坝型中第一高坝。

2014 年，世界瞩目的南水北调中线工程建成通水。

2014 年，我国的装机容量突破 3 亿千瓦，达 10.6 亿千瓦。

2015 年，我国第三高拱坝——溪洛渡水电站竣工。

2021 年，世界第七大水电站——乌东德水电站全部机组投产发电。

2021 年，世界第二大水电站——白鹤滩水电站首批机组正式投产发电。白鹤滩水电站为世界首台百万千瓦级水电机组，被誉为世界水电行业的“珠穆朗玛峰”。

▶▶川流不息：新时代机遇与挑战

➡➡水利事业发展的阶段性回顾

我国政府高度重视水资源问题，不断加大水利投资力度，有力促进了水利事业的发展。水利投资用途也由最初以农田水利为主的基本建设，发展为防洪工程、水资源工程、水土保持及生态建设和行业能力建设等多功能、全方位的水利建设。同时，我国政府越来越关注水资源管理问题。

截至 2020 年 12 月，全国累计建成水库近 10 万座，供水能力和水资源调控能力极大增强。

遍布城乡的水库建设和引水调水工程建设，辅之以广大农村自来水进村、节水、旱厕改造等综合措施，基本实现了城乡饮用水安全、工农业用水保障和环境改善的目标。

农田水利事业快速发展，2020 年全国农田有效灌溉面积达到 10 亿亩(1 亩＝666.67 平方米)。同时大规模推广应用节水灌溉技术。农田水利事业的发展有力支撑了粮食生产，保证了粮食安全，解决了超过14亿人的吃饭问题。

全国水电装机容量超过3亿千瓦而高居世界第一，发电量也高居世界第一。优质清洁的电力供应为经济社会的高速发展提供了有力的能源保障，同时也为节能减排做出了重要贡献。

中华人民共和国成立后，国家特别重视防洪安全，在主要干支流上均修建了控制性防洪工程，加固、加高了堤防，统筹建设了蓄滞洪区，建立了防洪联合指挥和调度系统，保证了江河安澜、人民安居乐业。

此外，国家大力发展内陆航运和海运事业，在不影响水质的前提下积极发展水库渔业和旅游业，水利工程的综合效益得到了充分发挥。

我国已全面实现建设小康社会的目标，打赢了脱贫攻坚战，面对百年未有之大变局，改革开放迈进了新时代。经济社会的新发展目标、生态文明战略的实施、“一带一路”倡议的推进、以国内大循环为主的新发展格局，对水利事业提出了诸多新挑战，也使水利事业迎来了诸多新机遇。

➡➡水利事业迎来的新机遇

国家“十四五”规划和中长期发展规划对水利事业提出了新任务和新要求，国家也将不断加大水利水电建设投入，水利事业迎来新的发展机遇。

• 粮食安全。我国是人口大国和农业大国，农田水利是保障粮食安全的重要一环。建设更多的引水调水灌溉工程，研发推广先进的节水灌溉技术是必然要求。

• 能源安全。我国能源供应目前主要依靠石油、天然气和煤炭等化石资源，核电发展受限，太阳能、风能发电量小且不稳定。水电是宝贵的可再生清洁能源，开发利用前景广阔。为了实现碳达峰、碳中和的国家承诺，水电清洁能源也应做出更大贡献。

• 防洪安全。我国大江大河多，洪涝灾害频发，防洪排涝将是水利事业永远的主题。进一步建设大型控制性水库群，提高堤防安全性，配置有效的蓄滞洪区，建立防洪抢险预警机制，建立统一的防洪指挥决策系统，仍然是重中之重。

• 供水安全。我国人均水资源拥有量低，水质普遍较差，饮用水安全和工农业用水保障一直是需要解决的首要难题。

• 生态安全。在生态文明建设中，水是关键的要素之一。没有水就不会有绿水青山。因此，要想实施“中国水塔”保护工程、长江和黄河大保护战略，建设生态友好型水利工程，建设海绵城市和美丽乡村，均需要水利事业实施统筹兼顾、生态优先的发展战略。

• 信息技术。信息技术日新月异，人工智能、物联

网、大数据、机器人等智能技术与装备不断更新换代，为水利信息化和智慧水利提供了极大的可能和广阔的提升空间。

• 一带一路。国家提出的“一带一路”倡议得到众多沿线国家、地区的积极响应，中国水利水电和水运要坚持走出去，积极参与国际大循环，尤其要支持非洲、东南亚、中东、西亚等地区的基础设施建设和水利民生工程建设。

“一带一路”沿线的亚非拉地区水电资源丰富，同时对优质水资源的需求旺盛，但经济社会发展滞后，基础设施落后，缺水缺电情况严重。开发水电可以对当地经济社会发展起到重要的支撑作用。

在港口与航运领域，通过更多地运送货物和开辟航线，与沿线国家建立更为广泛的联系，为世界经济和全球贸易注入巨大活力，也给全球港口和航运业带来更多的发展新机遇。

➡➡水利事业面临的新挑战

水安全是国家安全保障体系的重要一环，我们需要居安思危，有所作为。水利现状与存在的问题主要表现在：水安全风险不断加剧，水安全防控底线需要筑牢守稳；水利发展不平衡、不充分，满足人民对美好生活的向往任重道远。

❖❖水利工程面临“四大短板”

当前我国水利建设已经基本建成较完善的河道防洪、农田灌溉等体系，但仍存在一些薄弱环节。主要体现在以下四个方面：

• 防洪。大江大河干流和支流还有部分堤防没有达标，缺乏控制性工程，特别是中小河流防洪体系还不完善，病险水库为数不少。

• 供水。一些区域资源性缺水和工程性缺水并存，一些区域和城市供水保障程度不高，特别是广大农村地区，饮水安全保障程度还需要加强。

• 生态文明建设。一些区域的水土流失比较严重，有些地区河湖生态损害比较突出，有些地区地下水超采严重，生态较为脆弱。

• 运行监管。信息化和监测水平不足，一些水文水资源动态的、全过程的监测预警预报体系还需完善，工程调度信息化手段有待加强。

❖❖关键科技呼唤原始创新

在水利科学和技术层面，我国仍面临许多重大问题。《中国学科发展战略·水利科学与工程》一书系统地梳理了水利科学与工程学科的发展规律和特点，凝练出六大关键科技问题：变化条件下的水文、水资源与农业水资源高效利用；河流、海岸水沙与生态环境的演变与调控；洪旱灾害成灾机理、风险评价与防御；水能开发利用与风能、太阳能等其他可再生能源调节互补；梯级高坝水电站群长期、安全、高效运行；水利工程智能化管理以及水利移民工程的科学化与可持续发展。

❖❖发展与保护必须统筹兼顾

• 建坝与拆坝之争。世界上反对建坝的声音不绝于耳，要求“让江河自由奔流”。对拆坝也曾经有一些声浪。对于小型的老旧病坝，存在利用价值不大、修补加固成本过高的问题，拆除是上策。但建大坝、修水库仍然是利大于弊，只是要处理好建大坝、修水库对生态环境及经济社会的不利影响等问题。

• 发展与保护协调。发展是硬道理。水利开发利国利民、功德无量，但要在开发中保护好环境，使水利发展有利于民生。怒江水电站开发就曾遭遇极大的反对，有人认为要保留最后一条原生态河流。但不开发怒江，少数民族聚居的偏远地区就无发展致富的出路，对怒江施行“保护性开发”成为最佳选择。“长江大保护”是国家战略，但不搞大开发不等于水利无所作为，而是要充分发挥水利的综合功能，对防洪、生态、供水、航运、水土保持等综合施策，使其协调发展。

·效益与安全兼顾。水利设施发挥着良好的作用，但也需要更加关注其安全运行和维护加固。我国80%的水库修建于20世纪50—70年代，随着运行时间的推移，老化、渗漏、损伤等问题不可避免。病险水库的健康诊断和除险加固是今后经常性的基础工作。

·上游与下游统筹。大型水利工程涉及流域的上下游、源头与用户，必须统筹兼顾，协调布局。如水库蓄水可保证下游防洪和供水，但会淹没上游部分地区；对黄河上游地区抽水灌溉或利用水库蓄水，下游可用水量就会较少，枯水期甚至会导致河南段、山东段断流。南水北调工程增加了北方的用水量，但南方要做出一定的牺牲。

✣✣制约瓶颈需要不断突破

科学技术的进步给工程建设提供了巨大力量，但仍有诸多难题和制约因素需要不断突破，需要人们更新观念、拓宽思路、创新方法。下面举例加以说明。

·新的治国方略对水利提出新课题。要用改革创新的办法抓长江生态保护。治理黄河，重在保护，要在治理。要坚持山水林田湖草综合治理、系统治理、源头治理。要实施水源涵养提升、水土流失治理、黄河三角洲湿地生态系统修复等工程，推进黄河流域生态保护和修复。因此，需要对水利开发彻底转变观念。如何形成新思维、

新举措,以满足国家重大战略需求,是一个十分复杂和艰难的新课题。

• 水电开发难度越来越大。未来的水电开发重点在川、滇、藏等西南高原地区。这些地区多位于高山峡谷,地理、地质环境特殊,生态脆弱,移民难度大,技术要求高。这些地区常发生强地震和风雪冰冻等自然灾害,气候条件恶劣,工作、生活条件艰苦,运输成本高。规划中的位于雅鲁藏布江大拐弯处的墨脱水电站,海拔 3 000 米左右,水头高达 2 350 米,总装机容量为 6 000 万千瓦。墨脱水电站的修建需要超高水头、超高压力、长距离深埋隧洞、超巨型水轮发电机和超远距离输电,还可能遇到滑坡、泥石流等自然灾害,修建的技术难度非同一般。

• “一带一路”沿线的水利水电开发环境复杂多变。水利水电项目投资大,运营周期长,财务和建设风险较高。对于经济欠发达地区,政局不稳定、基础设施落后、管理效率低、外交关系变化、投资市场波动以及极端势力和非政府组织的威胁等风险突出。各国的宗教、民族、人文、法规、社会制度、思维方式和风俗习惯等存在地域差异,道德和法律等风险凸显。因此,重视与当地政府和民众的沟通,尊重和照顾其利益关系,重视保护生态环境和员工健康安全,实现互利双赢,显得尤为重要。

➡➡我国水利事业发展的新思路和新趋势

解决中国的水问题，保障水安全，实现水利效益的最大化，一方面需要立足当前、夯实基础、补足短板；另一方面要着眼长远，针对四大水问题，谋划应对大江大河特大洪水、水资源优化配置的战略布局，形成强大的水利基础设施网络，为国家重大战略实施和经济高质量发展提供有力支撑。

推进重大水利工程建设

立足流域整体和水资源空间均衡配置，加强跨行政区域河流水系治理保护和骨干工程建设，强化大中小型水利设施协调配套，提升水资源优化配置和水旱灾害防御能力。坚持节水优先，完善水资源配置体系，建设水资源配置骨干项目，加强重点水源和城市应急备用水源工程建设。实施防洪能力提升工程，解决防汛薄弱环节，加快防洪控制性枢纽工程建设和中小河流治理、病险水库除险加固，全面推进堤防和蓄滞洪区建设。加强水源涵养区保护和修复，加大重点河湖保护和综合治理力度，恢复水清岸绿的水生态体系。

实施国家水网、雅鲁藏布江下游水电开发等重大工程。推进重大生态系统保护和修复、重大引调水、防洪减灾、送电输气以及沿边、沿江、沿海交通等项目建设。加快西南水电基地、抽水蓄能电站建设和新型储能技术规

模化应用。

✣✣加强农村水利基础设施建设

推进大中型灌区节水改造和精细化管理，建设节水灌溉骨干工程，同步推进水价综合改革。发展节水农业和旱作农业。开展农村人居环境整治提升行动，稳步解决“垃圾围村”和乡村黑臭水体等突出环境问题。以乡镇政府驻地和中心村为重点，梯次推进农村生活污水治理。支持因地制宜推进农村“厕所革命”。推进农村水系综合整治。

✣✣保护和修复水生态

水生态的保护和修复，既要强化对水土流失预防区的保护，又要强化河湖行蓄洪空间的整治，还要强化水域岸线的管控。重视水土保持生态建设，对破坏的水土流失地区要进行治理。同样，推动农村水电绿色发展，对地下水超采给予有效的综合治理，尽可能减少水土流失。这些都是我们目前需要解决的重要问题。

✣✣完善水资源优化配置体系

构建“多源供给、网络连通、调配自如、保障有力”的水资源优化配置体系，完善“南北调配、东西互济”的水资源配置格局，重点做好重要输配水通道建设、河湖水系连通工程建设、水源调蓄工程建设和源头保护治理，提高统筹调配和水安全保障能力。

✣✣推进“长江大保护”

对长江流域“共抓大保护、不搞大开发”，水利行业责任重大，大有作为。要强化流域综合管理，加强水资源、水环境、水生态、岸线、采砂、河湖水域、江湖关系、蓄滞洪区、水土资源、废污水排放、湖库富营养化等方面的执法监管力度，综合施策，严管严防。加强水库群联合调度，发挥水资源综合利用效益，保障防控安全、生态安全、供水安全和通航安全。

以水土流失治理为例。一是加大长江、嘉陵江、岷江、清江等江河源头区和丹江口、三峡库区水源涵养区等区域生态保护力度，筑牢流域生态安全屏障。二是从严控制沿江国家重点项目建设密集区，如对金沙江、乌江、岷江、大渡河等流域水电集中开发区以及滑坡、泥石流易发区和重要水源保护区进行源头治理。三是加快金沙江下游、嘉陵江上游、西南石漠化地区和上中游老、少、边、贫地区的水土流失治理。四是强化重点工程和建设项目监督管理，建设山清水秀、天蓝地绿的美丽长江。

✣✣共建幸福河

“让黄河成为造福人民的幸福河”，需要我们将“防洪

保安全、优质水资源、健康水生态、宜居水环境、先进水文化”牢记于心，实干力行，同时也要落实好“重在保护、要在治理”的战略要求。将水资源作为最大的刚性约束，以水定需，坚决抑制不合理用水需求，推进水资源节约利用。统筹推进山水林田湖草综合治理，进行系统治理和源头治理，保障黄河长治久安。

❖❖加快水利信息化建设

21 世纪是信息化的时代。水利信息化、智慧化建设，要按照“强感知、增智慧、促升级”的思路，充分运用云计算、大数据、物联网、移动互联网、人工智能、区块链等技术，加强水文监测体系建设，实现水利工程智能化，加快水利工程数字化，推进涉水业务智能应用。

❖❖积极融入“一带一路”倡议

“一带一路”倡议自提出以来，得到了国际社会的积极响应，相关投资和建设工作不断推进。基础设施建设和能源合作是“一带一路”建设的重要内容，这为我国水利水电企业“走出去”提供了广阔的合作机遇。我国水利水电建设技术已具有较高水平，设计与建设技术水平高，经验丰富，管理规范，具有强大的竞争优势。

横溢之才：水利高等教育概览

问渠那得清如许？为有源头活水来。

——朱熹

▶▶钟灵毓秀：水利高等教育概论

➡➡中国水利高等教育发展源流

中国古代人才培养体系是以儒学为主流，以科举应试为目的。中国古代对水利人才的培养主要靠自学自悟和经验总结，缺乏科学与工程学的系统性教育。战国时期，李冰父子修建了都江堰；北魏郦道元博览奇书，游历九州，撰写了《水经注》；北宋著名的科学家沈括出版了《梦溪笔谈》，在治理沭水、修筑芜湖万春圩、开发治理汴河等方面成就卓著；元代著名的天文学家、数学家和水利专家郭守敬，修浚西夏境内的古渠和元大都至通州的运河（通惠河），有《推步》和《立成》等天文历法著作留世。历代治水的伟大实践更多地依靠个人的聪明才智、经验积累和使命担当，而不是系统培养和科学训练。

北宋王安石在变法中颁布了《农田水利约束》法令，全国大兴水利，开垦荒田，粮食增产。王安石曾在太学中讲授水利工程知识。明朝徐光启与传教士利玛窦合译《量算河工及测量地势法》，但未能设学立教、传授知识。康熙年间，颜习齐创立“漳南书院”，设立艺能课，讲授水学、火学等，但不久书院被大火烧毁，未能延续。因其起步之先、见识之远，被后人誉为“水学一科，乃水利教育之创始”。

发轫于西方的近代科学技术及其教育思想，传播到中国并被人们进行系统的学习与应用，至晚清始见萌芽。1876 年建成的上海格致书院，设有博院铁室，其中有“水陆运重器及开矿、挖泥、起水、通电、建桥、筑塘各器”之类，初具水学实验的雏形；《格致书院会讲西学章程》中明确了开设“水重学”科目，此科目包括静水学和动水学。1895 年，盛宣怀创办了北洋西学学堂，开设工程学，讲授“水利机器学”。1900 年，京师大学堂在工学下设立了土木学，并出现了专门的水利研究机构。其后，水利学从主要依附于农学、工学、电学和力学等学科，逐渐独立设置。中华民国时期设置有专门的水利高等教育学校，且开始有青年才俊留学欧美攻读土木、水利工程学。1915 年春，时任全国水利局总裁的张謇倡议设立了我国第一所水利高等教育机构——河海工程专门学校（图 5），许肇南为首任校长，李仪祉、沈祖伟、刘梦锡等 80 多位旅欧美学者被聘前来任教。此后，水利专业在许多高校陆续兴办。1926年，清华大学土木工程系设立了水利组。1928年，武汉大学工学院土木系设立了水利组。1929年，河南省建设厅水利工程学校正式建立。1932年，李仪祉组织创建了陕西省水利专科学校。1943年，教育部门要求20余所高等院校的土木系一律设立水利组。1944年，四川大学理工学院土木水利系开始建立。至1949年，已经有多所综合性大学和专门学校建立了水利专业。

图5　1915年3月15日，河海工程专门学校开校典礼

中华人民共和国成立以后，借鉴苏联的办学经验，大学和专业趋向专门化，尤其是大规模的院系调整，专门化的水利类院校和院系专业得到强化，如华东水利学院、武汉水利学院、华北水利水电学院、西北农学院农田水利系（今西北农林科技大学水利学科）、北京农业机械化学院农田水利系（今中国农业大学水利学科）、河北水利学院等一大批水利高等教育机构成立。清华大学和大连理工大学等综合性大学设立了水利工程系，并建立了专门的

实验室，开始了水利工程的科学研究工作。

改革开放激发了水利高等教育的发展动力和办学活力。20 世纪 90 年代前后，大学的更名、合并和新建如火如荼，大学更新定位，院系优化重组，专业调整发展，最终形成了由综合性大学水利学科、特色水利研究型大学和应用型水利特色高校组成的完备的水利高等教育体系，水利人才培养的规模和能力不断提升，为水利事业的跨越式发展提供了强大的人才支撑和智力支持。

➡➡中国水利高等教育专业概览

按照我国专业学科领域进行划分，水利类专业主要包括水文与水资源工程、水利水电工程、港口航道与海岸工程三个传统专业，主要属于水利工程大类和一级学科范畴。农业水利工程专业属于农业工程领域，因其与水利水电工程专业关系十分密切，一般也认为其属于涉水专业。

20 世纪 70 年代，为适应海洋石油资源开发的需要，一些学校设置了“海洋石油建筑工程”专业。20 世纪 90 年代，专业调整中将涉海的海洋工程本科人才培养调整到“船舶与海洋工程”专业。近年来，为满足海洋资源开发利用领域的人才需求，充分发挥涉水院系的综合办学优势，一些水利院系也自主增设了与海洋工程相关的专业点，如大连理工大学开设了“海洋资源利用工程”专业。其他学校自设的涉水专业还包括港口海岸及治河工程、水资源与海洋工程等。

与水利工程关系较为密切的专业学科是土木工程、船舶与海洋工程、环境科学与工程、动力工程与工程热物理、力学、生态学、交通运输工程、材料科学与工程、地质资源与地质工程、电气工程、机械工程、农业工程等。

根据中国工程教育专业认证协会水利类专业认证委员会秘书处的统计，截至2021年初，全国（不包括港澳台）共有141所高校（含独立学院19所）开设了水利类专业，专业点共计230个（含独立学院28个），其中水文与水资源工程专业点55个，水利水电工程专业点93个，港口航道与海岸工程专业点35个，农业水利工程专业点38个，学校自设的涉水专业点9个。

水务工程专业是近年来为适应城镇水务工程事业的需要而新开设的本科专业，目前有河海大学（最早设立）、河北工程大学、华北水利水电大学和云南农业大学（2021年新增设）等11所高校开设了该专业。

清华大学从2016年起对专业点设置进行了改革，开设了水科学与水利工程专业，涵盖并拓展了原有的本科专业，对培养方案和课程设置等也做了相应的调整。2021年，南京农业大学增设了水科学与水利工程专业点。

在36所世界一流大学建设高校（A类）中，有17所大学开设了水利类专业，分别是清华大学、中国农业大

学、天津大学、大连理工大学、吉林大学、同济大学、南京大学、东南大学、浙江大学、山东大学、兰州大学、中国海洋大学、武汉大学、华中科技大学、中山大学、华南理工大学和四川大学。6 所 B 类高校中有 2 所大学开设了水利类专业，分别是郑州大学和西北农林科技大学。

我国绝大多数省市的地方综合性大学，如青海大学、宁夏大学等，均开设了水利类专业，为全国培养高水平人才。除地方综合性大学外，我国既有水利专业集中、特色鲜明的大学，如河海大学、三峡大学等，又有水运交通特色鲜明的大学，如重庆交通大学、长沙理工大学等。中国农业大学、新疆农业大学等农业类大学中，多数也开设了水利专业，除农业水利工程专业外，还着力建设水文与水资源工程专业、水利水电工程专业。我国还有培养大批水利专门人才的应用型高校及高职高专院校，如黄河水利职业技术学院、安徽水利水电职业技术学院等。

可以看出，水利类专业一直是国家和地方重点建设发展的专业，也是很多大学的传统优势专业。水利类专业的分布范围广，东西南北中全覆盖，且梯队专业结构合理，区域、地域特色鲜明，形成了完备的、高质量的水利高等教育现代化人才培养体系。

清华大学、天津大学、大连理工大学、武汉大学、四川大学和河海大学这 6 所高校设有水利领域国家重点实验室。清华大学、天津大学、大连理工大学、武汉大学、河海大学和西安理工大学这6所高校的水利工程学科为一级学科国家重点学科。南京大学、华中科技大学和四川大学等多所高校设有水利工程二级学科国家重点学科。学科和平台建设为高水平人才培养提供了强大的支撑。

➡➡欧美国家水利高等教育简述

近现代高等教育发源于欧洲。第二次世界大战之后,美国的教育与科技兴起。国际高等教育主要有两大体系,即英美体系和德国体系。前者以科学教育为主导,强调自主选择和自由发展;后者也称为欧洲大陆体系,以专门人才培育为主导,强调实践能力和工程应用。欧美发达国家仍然主导和引领着国际高等教育的发展,其他国家的高等教育虽有其自身特点,但不可避免地受到了欧美发达国家的影响,或借鉴了欧美发达国家的先进办学经验,比如日本的高等教育体系,基本借鉴了德国的高等教育体系。

随着工业化的转型升级,欧美发达国家传统工业的比重下降,大规模水利水电开发工程已经基本完成,现在主要以工程的运行管理和修复加固、水资源配置和水环境管理为主。欧美发达国家的大学很少开设专门的水利工程专业,整体上将水利工程专业归属于土木工程专业,在土木工程专业中设置水利科学与工程方向。例如,美国伊利诺伊大学厄巴纳-香槟分校的土木与环境工程学院,设有水环境工程与科学方向。涉及水文与水资源和

水环境的专业领域，多归属于资源类和管理类等专业。美国个别大学仍开设水文与水资源工程专业，如亚利桑那大学等。

欧美发达国家和日本、新加坡等国家和地区的大学，仍有许多学者和研究机构从事涉水领域的科学研究，对研究生的培养一直没有间断，研究方向也在不断地更新、拓展和交叉融合。

▶▶涵英哺华：水利人才培养体系

水利工程是一门工程学，属于工学的范畴，国际上将其归属于土木工程。工程学的基础是数学、物理和化学等自然科学，但作为现代高级专门技术人才，也必须具有广泛的人文社会科学知识基础，以及良好的道德品质、人文素养、思辨意识和健康体魄。水利工程建设和管理具有特殊性、复杂性，涉及水和土、材料和结构、观测和绘图，其基础知识包括测量制图、气象水文、土壤地质、固体流体力学、建筑材料、工程结构等诸多领域。工程建设又涉及投资收益、生态环境、征地移民、招标投标和项目管理等。专业上落脚于规划、设计、施工、运行和管理。水利类人才知识素质结构如图 6 所示。

2016 年 6 月，我国正式加入国际上最具影响力的工程教育学位互认协议之一——《华盛顿协议》。通过认证协会认证的工科专业的毕业生的学位可以得到《华盛顿

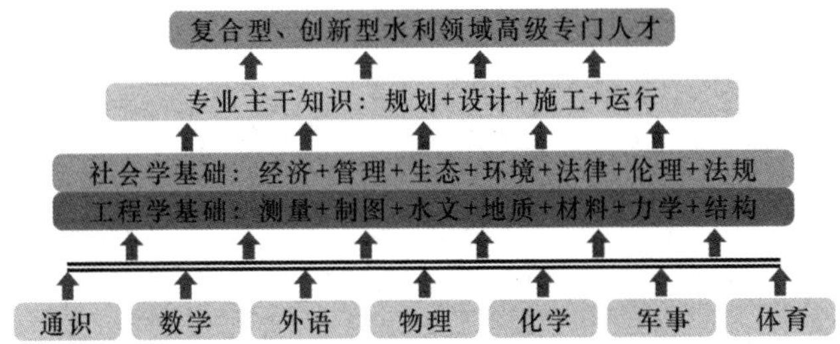

图 6　水利类人才知识素质结构

协议》其他成员组织的认可。基于专业认证的标准体系，要树立以学生为中心、以产出为导向、以能力为目标的人才培养体系，毕业要求必须覆盖以下 12 条内容：工程知识、问题分析、设计/开发解决方案、研究、使用现代工具、工程与社会、环境和可持续发展、道德规范、个人和团队、沟通、项目管理与财务、终身学习。可以看出，现代高级工程类专门技术人才的培养，必须是知识、素质和能力的全面锻造，也更加强调职业道德、国际视野、沟通能力和终身学习。

➡➡水文与水资源工程专业

水文与水资源工程专业研究水的形成、转化、运动规律及水资源合理开发、利用等基础理论，解决防洪减灾、水资源评价、水资源开发利用、水环境保护等问题，为国民经济与社会发展服务。近年来，随着遥感技术、人工智能和计算机技术的长足进步，水文与水资源工程专业与大数据、人工智能、遥感科学等领域深度融合，摆脱了传

统工程学科边界的束缚，注重培养复合型创新人才。

水文与水资源工程专业以新时期国家水安全战略需求为导向，系统开展水资源、水生态、水环境、水灾害等领域的基础研究和重大工程关键技术创新，为解决干旱缺水、洪涝灾害、水环境恶化和泥沙淤积等影响国家经济发展和人民生命财产安全的水问题（图 7）服务。

图 7　水循环过程及存在的水问题

• 培养目标。培养具有扎实的自然科学、人文科学基础，具备外语和计算机应用技能，掌握水文、水资源、水环境、水生态基本理论与技能，知识面宽、能力强、素质高，有创新精神，能够在水利、国土、能源、交通、城建、农林、环保等部门从事与本专业有关的勘测、评价、规划设计、预测预报、管理和科学研究等工作的高级工程技术人才。

• 课程体系。包括自然地理学、测量学、水力学、水利经济、水文学原理、水文统计、气象学、水文测验学、地下水水文学、水环境化学、水质模型、水文预报、水文分析与计算、水利计算、水资源利用、水环境保护等。专业核心课程有水文学原理、水文预报、水文分析与计算、水利计算、水资源利用等。

水文与水资源工程专业毕业生不仅需要掌握水文、水资源及水环境学科的基本知识、基本理论和必要的工程基础知识，还要接受水力学、自然地理学、水文测验、水文地质勘查、气象和水环境分析等试验训练和制图、测量等技能训练(图 8)。

➡➡水利水电工程专业

水利水电工程专业主要是针对水利枢纽工程和水力发电工程的规划、设计、施工、管理及其科研等方面的人才需求而开设的。20 世纪 50 年代，水利水电工程专业定

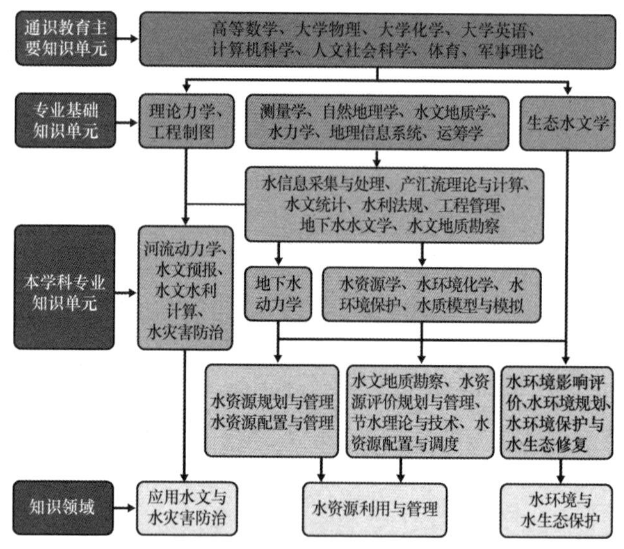

图 8　水文与水资源工程专业知识体系框架

名为河川枢纽与水电站建筑专业。有的学校下设水工结构和水能利用两个专门化方向。后来该专业更名为水利水电建筑工程专业。水利水电工程专业以水利水电枢纽中的建筑结构为主要研究对象，同时需要研究施工建造技术以及运行期的安全监测、修复加固等。

根据专业的特色和定位，各学校的培养方案和课程设置有所不同，但总体上是一致的。现以大连理工大学的培养方案为例加以介绍。

• 培养目标。培养具有人文素养、国际视野、系统思维、创新意识和担当精神，以及宽厚的人文社科、自然科学和水利水电工程专业基础和前沿技术知识，能够在水利水电工程及相关领域从事工程科学研究、新技术研发、工程设计等工作的高级工程技术人才和一流创新人才。

• 课程体系。包括工程水文学、水力学、工程地质、水工钢筋混凝土结构、水资源规划及利用、水工建筑学、水电站建筑学、水利工程施工、水利工程经济、水利工程项目管理等。

➡➡港口航道与海岸工程专业

港口是水运交通的主要枢纽，经济建设、交通运输、海岸带和海洋资源开发都离不开港口、海岸及近海工程。随着世界经济国际化趋势的加强，港口建设和江河、海洋的开发、利用将会有更大规模的发展，港口建设、沿海城市防灾、近海石油开发等关系国计民生的基础设施建设的战略地位更加重要。该专业主要研究港口及海岸工程的设计理论和建造技术，水利工程与土木工程、海洋工程、交通运输工程的交叉融合特征突出。近年来，随着世界经济的国际化发展，“一带一路”倡议的推进与实施，内陆航运、远洋运输、海岸带和海洋开发利用工程的规模也愈加巨型化，该专业的就业前景十分广阔。

• 培养目标。培养掌握港口、海岸、近海工程学科及相关学科坚实的基础理论和系统的专门知识，尤其是新型港口、海岸及近海工程结构及其设计理论与计算方法、泥沙运动及河口海岸演变基本规律和近岸水环境及工程

水动力学理论方面的知识，具有从事相应科学研究工作或独立担负相应专门技术工作的能力，能从事教学、科研、设计、管理或其他工程技术工作的高级工程技术人才。同时，本专业的毕业生应较为熟练地掌握一门外语，了解本学科理论研究和工程技术的前沿动态，具有从事科学研究的初步能力和创新意识。

• 课程体系。由工程基础知识领域、工程经济管理知识领域、港口航道与海岸工程专门技术知识领域三个核心知识领域构成。工程基础知识领域包括工程制图、工程力学、水力学、土力学、工程地质、工程测量、工程材料、工程水文学、海岸动力学、河流动力学、混凝土结构学等；工程经济管理知识领域包括工程经济、工程管理、工程概预算等；港口航道与海岸工程专门技术知识领域包括港口工程、航道整治、渠化工程、海岸工程、水运工程施工等。

毕业生应具备“治河筑港”和“铺路架桥”的基本能力；能够胜任港口航道与海岸工程项目的勘测、规划、设计、施工、技术开发、管理和应用研究工作，也可以从事相关投资、开发、金融、保险等工作；通过专业培训，能够胜任土木工程、水利工程、海洋工程、市政工程等相近专业的技术工作。

➡➡农业水利工程专业

“水利是农业的命脉”，尤其对于中国这样一个人口大国和农业大国，粮食问题关乎国计民生、国家安全，水利工程是农业的重要保障。我国华北、西北、东北等大部分地区干旱少雨,华中、华南、西南地区多雨,中原地区旱涝不均,洪涝干旱和水土流失是制约农业发展的自然灾害。防洪排涝、节水灌溉、引水调水、水土保持、水污染治理等水利工程,在农村农业经济发展中发挥着重要的支撑与保障作用。

下面以中国农业大学的农业水利工程专业培养方案为例,介绍其培养目标和课程体系。

• 培养目标。培养适应社会经济发展和农业水利现代化建设需求,具备良好的人文素养和职业道德,能够运用农业水利工程学科基础理论、专业知识及基本技能在农业水利工程、水资源工程、小型水利水电工程等水利相关领域从事工程规划、设计、施工、管理和研究等工作的行业领军人才。毕业生经过五年左右的工程实践,达到与工程师相当的执业技术水平,具备知识应用与创新能力、工程实践能力、工程管理能力、沟通与交流能力和职业素养。

• 课程体系。通识教育和数学、英语等部分基本与其他专业相同。专业基础课程主要包括材料力学、理论力学、结构力学、画法几何与技术制图、工程导论、工程经济、工程项目管理与实务、水力学、土力学与地基基础、工程水文学、工程测量、工程材料、工程地质与水文地质等。该专业与水利水电工程专业的基础类课程总体上一致,

同时要求学习化学、生态学或环境学方面的课程。核心课程包括土壤学基础、作物生理生态学、水工建筑物、灌溉排水工程学、水利工程施工等。与水利水电工程专业的核心课程相比，该专业主要强化了与农田灌溉和作物生长相关的专业知识。

➡➡水务工程专业

随着经济社会的高速发展，人口快速向城市（城镇）集中，城镇化率越来越高。城镇人口密集，经济发达，对水资源的需求量激增，同时废水排放量激增，城镇防洪压力和水环境治理难度加大。一旦发生城市洪水，会给人民生命财产造成巨大损失。因此，水务工程在城市建设和管理中的作用日益凸显，需要重点解决城市水资源供给、给水排水、防洪排涝、水污染治理、水景观建设和海绵城市建设等方面的规划、设计、施工、管理等问题。

河海大学在全国第一个自主设立了水务工程专业，已有多届毕业生。其他学校也相继设立了该专业。现以河海大学水务工程专业的培养方案为例加以介绍。

• 培养目标。培养适应经济和社会发展需要，具有扎实的自然科学基础，具备良好的计算机、外语、经济、管理等方面的应用基础，掌握水务工程专业基础知识以及专业基本技能，具有较强的适应性、创新性及协调能力的复合型人才。毕业生能在水务、市政、环境、水利等部门从事与水务工程有关的规划、设计、施工、管理以及相关的科研和理论研究工作。

• 课程体系。除通识教育、数学、英语、化学、物理、测量制图和工程力学类课程外，专业核心课程包括工程水文学、城市水利工程、给水排水工程、水处理工程、城市水资源利用与管理、水务规划与管理、水环境评价与保护、水文地质及工程地质、钢筋混凝土结构等。研讨课程包括水问题研讨、城市小流域设计洪水计算方法研究、城市发展与水研究等。

从河海大学水务工程专业的培养方案中可以看出，水务工程专业主要吸纳了水文与水资源工程、水利水电工程和农业水利工程三个专业中与城镇水务相关的核心课程，重点在于为城市水务相关行业培养人才。

▶▶问水悟道：水利工程学科分野

➡➡云生水起：水文学及水资源

水文学是研究地球水圈的存在与运动的科学，主要研究地球上水的形成、循环、时空分布、化学和物理性质以及水与生态环境的相互关系。水文学属于地球科学和水利科学两个范畴，与科学探究和工程建设实践密切相关。水资源学是对水资源的量、质、效进行评价，制定水资源综合开发利用和保护规划，解决水资源供需矛盾，并对水资源实行科学管理的知识体系。水文学及水资源这门学科将水文学和水资源学联系在一起，是集物理机制

研究与工程实践应用于一体的学科，研究内容从水源头到水龙头，涵盖从水文学基础理论到水资源合理配置规划与实施调控的全过程。

现代水文学及水资源的发展趋势是综合利用现代信息技术手段，注重学科交叉，深入研究变化条件下的水文作用和水资源可持续利用(图 9)。例如，研究变化条件下的水循环、变化条件下的径流适应性利用、水旱灾害智慧化防御等。

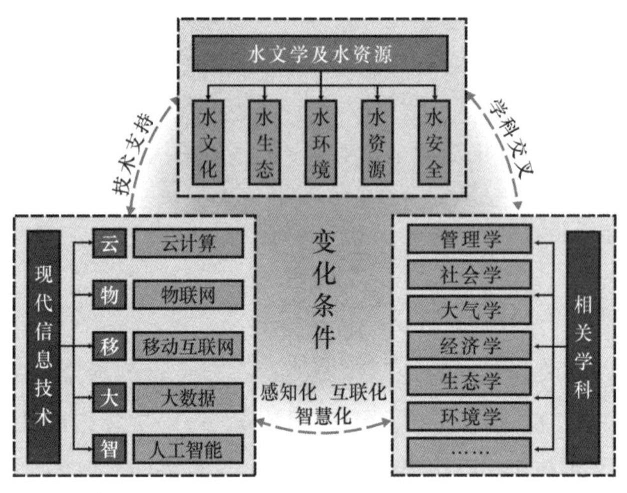

图 9　现代水文学及水资源

➡➡水滴石穿：水力学及河流动力学

水力学及河流动力学包括水力学（水静力学与水

动力学)和河流动力学两个研究领域。水力学主要研究水或其他液体在外力作用下的平衡规律与运动规律,以及这些规律在实际工程中的应用。河流动力学主要研究河道在自然状态下或受人工建筑物控制以后在水流与河床相互作用的过程中运动发展的力学规律,所面向的基本矛盾是水流与河床之间的矛盾。水力学及河流动力学着重研究自然界中水流的运动规律,建立河流开发利用中所必备的力学知识体系,对各类水利工程规划、设计、建设与管理中有关水的力学基本原理加以揭示,进而开发专门技术。随着计算机等现代科学技术的发展,该学科已经从传统的半经验、半理论知识体系发展成为一门综合应用各种科技前沿理论、广泛开发各类数学模型、开展大型数值计算、采用大量高精度观测/实验技术手段的基础研究学科和工程应用学科。

水力学及河流动力学的重点研究方向有四个。工程水力学(水工水力学)理论与应用:面向水利水电工程建设,进行水利枢纽工程的水力学问题研究。泥沙运动及河床演变理论与应用:研究江河治理中的水沙运动规律及工程泥沙问题。水环境及水生态理论与应用:研究水利水电开发对河流生态环境的影响,减轻河流环境污染以及增强区域生态效益的调控措施。计算水力学及流动可视化理论与应用:利用计算机和数值方法实现对流动问题的数值模拟、数据分析与三维可视化显示。

水力学及河流动力学具有传统理论与现代科学技术相结合、地表水与地下水相结合、一般水力学问题与生态环境水力学问题相结合等特点和优势，并与数学、力学等基础理论学科相交叉，与水利水电、海港航运、石油化工、环境生态、航空航天、冶金采矿等工程学科相结合，具有跨学科的广泛发展空间。

➡➡中流砥柱：水工结构工程

水工结构工程是研究水工建筑物在水和其他外力作用下的稳定性、结构安全和挡水能力的相关设计理论与方法的工程应用学科，其目的是保障水工建筑物在正常条件下的安全性，使其能够有效担负起挡水、输水或其他功能，并在遭遇超常规载荷时具有必要的超载潜力。该学科涉及诸多学科领域，除数学等基础学科外，还与水力学、水文学、工程力学、土力学、岩石力学、工程地质、建筑材料、工程管理、信息技术等密切相关。

水工结构工程的重点研究内容包括水利水电工程勘测、设计、施工及运行管理，如工程枢纽布置的经济技术性论证、环境影响性评价、大坝设计新理论及新方法、高坝泄洪消能、快速筑坝技术、高陡边坡加固、水工结构健康监测新技术、坝体与地基和库水的动态耦合、坝体强度动态破坏机理、筑坝材料的多轴向性能、新型高性能混凝土、坝址区地震的随机性与坝体抗震可靠性等直接关系到水电工程安全、进度及投资的重大科技问题。

水工结构工程需要深化对水工结构与地基力学行为、高速水流运动规律以及机理的认识，重点研究领域为高坝消能，高坝混凝土材料，堆石坝材料，高坝地基系统分析模型，高坝抗震分析模型，新坝型、新结构与新型筑坝技术，大型地下结构建设技术，环境友好的水工结构。

➡➡电光石火：水利水电工程

水利水电工程主要面向水利和水电工程的规划、设计、建设与管理，开展科学技术研究和高端人才培养，以水力发电站（水泵站、抽水蓄能电站、海洋波流能发电站、海上风力发电站）所涉及的流体、结构、地下工程和机电设备系统等为主要研究对象。水利水电工程研究方向相对宽广，且呈不断拓展与交叉的趋势。研究方向主要包括：水电站水力学和流体机械流体动力学领域，如水电站引水发电系统和尾水系统水力学（过渡过程的水锤现象）、流体机械水动力学、施工导流和截流水力学等；水电站（水泵站）结构力学领域，如水电站进水口（进水塔）、压力引水管道、调压井、厂房等结构物的静动力学问题；地下工程领域，如地下引水隧洞、地下厂房、地

下半地下调压井等地下结构的安全稳定性和施工技术；梯级电站的发电联合优化调度、发电系统优化调度和最优控制，电网的水火电与风光发电等多电源联合优化调度运行；水力机械（水轮机、水泵、可逆式水泵水轮机）的水力设计和振动稳定性；水电站工程安全、故障诊断和状态检修；水利水电工程现代建设技术，如智能仿真与实时控制、导流截流工程、施工爆破技术、建设智能监控与智慧大坝等。

该学科的涉及面广，各高校和科研单位结合自身的特色与优势，与机电、信息、控制、管理等学科深度交叉融合，开辟了诸多新的研究方向。

➡➡惊涛拍岸：港口、海岸与近海工程

港口、海岸与近海工程主要研究港口及海岸工程的设计理论、建造技术和发展规划等，是土木工程与水利工程交叉融合且具有相对独立性的学科分支，主要面向我国重大工程建设领域，为我国的港口建设、沿海城市防灾、近海石油开发等关系国计民生的重大工程服务。

港口研究主要包括港口规划、港口物流及综合运输规划、海岸与近海工程中的信息和数字化技术、绿色港口等。

港口规划是指对未来一定时期内港口布局和发展规

模的预测，根据国民经济发展规划和水运交通事业发展的客观需要，对港口发展进行总体、长远的定位、布置和规划，确定港口性质、功能和港区划分。根据港口定位、腹地经济社会发展和船舶发展趋势，进行吞吐量预测和到港船型分析。结合港口资源条件，重点对港口岸线利用、水陆域布置、港界、港口建设用地和附属设施的配置等进行布置规划。

港口作为全球综合运输网络的节点，其功能不断拓宽，在现代物流发展中扮演着越来越重要的角色。港口物流及综合运输规划主要研究作为供应链节点的港口对供应链整体产生的影响以及港口内部物流的完善和优化。为顺应经济全球化的发展需要，现代港口需要不断完善其物流职能，发展趋势主要为建立港口物流中心，加快物流信息化建设，强化港口物流的服务理念，发展港口的第三方物流优势，在促进、协调、发展和完善管理系统的同时加强政策引导等。

数字港口及智慧港口以现代化设备为基础，以云计算、大数据、物联网、移动互联网、人工智能等新一代信息技术与港口运输业务深度融合为核心，以港口运输组织服务创新为动力，以完善的法律法规、标准规范、发展政策为保障，能够在更高层面上实现港口资源优化配置，在更高境界上满足多层次、敏捷化、高品质港口运输服务要求，具有生产智能、管理智慧、服务柔性、保障有力等鲜明

特征，实现现代港口运输新业态。

绿色港口是指在环境影响和经济利益之间获得良好平衡的可持续发展港口。绿色港口以绿色发展理念为指导，建设环境健康、生态平衡、资源合理利用、低能耗、低污染的新型港口。将港口资源科学布局、合理利用，把港口发展和资源利用、环境保护有机结合起来，走能源消耗少、环境污染小、增长方式优、规模效应强的可持续发展之路，最终做到港口发展与环境保护和谐统一、协调发展。

海岸的环境动力因素和海岸建筑物都会导致海岸变形。海岸变形主要表现为海岸泥沙的迁移与堆积。海洋防护工程设施的主要作用是保护沿海城镇、农田、盐场和岸滩，防止风暴潮的泛滥，抵御波浪、水流的侵蚀与淘刷，保护海堤、护岸和保滩工程等。

海洋资源开发与保护正在从近海走向远海，由浅海走向深海。该学科需要不断拓展研究领域，与海洋工程、环境工程、能源工程等学科深度交叉融合，解决海洋油气和可燃冰资源开发、海洋电力资源开发、海洋环境研究治理、极地资源开发等重大工程问题。

▶▶格物致知：学术研究支撑平台

对高等水利人才的培养，除了自然科学和专业知识外，还需要科研素质、创新思维、人文素养、实践能力等。对于大学和研究机构而言，一流的实验研究条件是高水平人才培养的重要保障。本部分内容选择水利领域若干国家重点实验室加以简要介绍，从中可以了解我国水利水电学术前沿研究的主要方向、设备条件和研究团队。

✣✣水沙科学与水利水电工程国家重点实验室

经科技部批准，水沙科学与水利水电工程国家重点实验室于 2006 年 7 月依托清华大学筹建。实验室突出了“综合、交叉、互补”的学科优势，倡导“工程科学、工程技术、工程实践”三位一体的科研理念，重视“智库、科学、技术”三个层次的创新。实验室主要学术带头人有张楚汉院士、王光谦院士、张建民院士等。

实验室主要研究方向为水文水资源科学、水沙科学与水环境、岩土力学与工程、枢纽工程与智能管理、水动力学与水力机械等。

✣✣水利工程仿真与安全国家重点实验室

经科技部批准，水利工程仿真与安全国家重点实验室于 2011 年依托天津大学筹建。实验室致力于在重大水利工程仿真理论与技术、多因素耦合动力作用与灾变机理、全寿命周期安全性分析与风险调控理论、水利工程的环境生态效应与安全调控原理、港口与海洋工程结构与地基基础耦合动力安全理论等方面开展科学研究，破

解重大水利工程安全性与环境协调难题，为国家重大水利工程建设和运行的安全性、经济性和环境协调性提供技术支持。实验室主要学术带头人有钟登华院士、马洪琪院士等。

实验室主要研究方向为水利工程仿真理论与技术、水利枢纽结构与运行安全、港口与海洋工程结构安全、水利工程环境效应与生态安全。

❖❖海岸和近海工程国家重点实验室

经国家计委批准，海岸和近海工程国家重点实验室于 1986 年依托大连理工大学筹建，1990 年对外开放。实验室主要学术带头人有邱大洪院士、林皋院士、欧进萍院士和孔宪京院士等。

实验室主要研究方向为海洋动力环境与流固耦合作用、陆海水域环境与海岸侵蚀防治、海岸与跨海工程及其防灾减灾、海洋资源开发基础设施工程、海洋工程智慧运维与全寿命安全。

❖❖水文水资源与水利工程科学国家重点实验室

经科技部批准，水文水资源与水利工程科学国家重点实验室于 2004 年依托河海大学和南京水利科学研究院筹建，2007 年通过验收。实验室主要学术带头人有吴中如院士、张建云院士和王超院士等。

实验室主要研究方向为水资源演变机理与高效利用、流域水文过程及防灾减灾、河流水沙动力学与水生态保护、河口海岸综合治理与保护、水工程安全与灾变控制。

✣✣水资源与水电工程科学国家重点实验室

经科技部批准，水资源与水电工程科学国家重点实验室于2003年依托武汉大学筹建。实验室主要学术带头人有茆智院士、夏军院士等。

实验室主要研究方向为水资源量质演变及时空配置、农业高效用水与生态环境效应、河湖动力学与城市水过程、水工程智能建造与安全控制、水电与新能源协同调控。

✣✣水力学与山区河流开发保护国家重点实验室

经国家计委批准，水力学与山区河流开发保护国家重点实验室于1988年依托四川大学筹建。该实验室是我国最早的内陆水利水电工程领域国家重点实验室和从事应用基础研究的工程类实验室。实验室主要学术带头人有谢和平院士等。

实验室主要研究方向为高速水力学与高坝工程、河流动力学与山区河流工程、环境水利学与山区河流保护、大坝与库岸安全、水信息学与水利新技术。

✣✣流域水循环模拟与调控国家重点实验室

经科技部批准，流域水循环模拟与调控国家重点实验室于2011年依托中国水利水电科学研究院筹建，2013年通过验收。实验室主要学术带头人有陈厚群院士、陈祖煜院士、王浩院士和胡春宏院士等。

实验室主要研究方向为“自然-社会”二元水循环基础理论、流域水循环及其伴生过程、复杂水资源系统配置与调度、流域水沙调控与江河治理、水循环调控工程安全与减灾。

▶▶驰骋江海：水利人才发展愿景

我国是水利大国，也是水利强国。水利对国民经济的支撑作用极为重要。水利人才需求主要集中在水利、水电、水运等领域。除高等教育和科研机构之外，水利人才需求集中的企事业单位主要有：

• 水利部，负责水资源的保护、开发和利用。水利部下属或直属的事业单位，如各大流域管理机构（如长江水利委员会、黄河水利委员会、松辽水利委员会等）和省区市的水利管理部门（水利局、水务局、水文水资源局等）。

• 交通运输部，负责公路和水运的规划发展。交通运输部下属或直属、附属的企事业单位，如水运规划设计研究院等。

• 自然资源部和生态环境部，负责国土利用的规划、开发、保护和生态环境的保护治理，其中也包括水资源、水生态、水环境的规划管理。

• 农业农村部，负责农业的发展规划，其中包括农田水利方向。

• 国家能源局，负责能源（含电力）行业的规划管理和政策制定。

• 国家电网有限公司和中国南方电网有限责任公司，下设多个区域和省域的电网公司，负责电网的运行管理，其中国网新源控股有限公司主要负责抽水蓄能电站的建设管理。

• 中国电力建设集团有限公司、中国能源建设集团有限公司等大型国有企业，负责能源电力基地的规划、设计、建设和运行管理等。

• 中国交通建设集团有限公司，负责交通水运领域的基础设施规划、建设及其运行管理，下设水运规划设计研究院、区域性航务工程局、港湾工程公司（主营海外业务）等。

• 中国长江三峡集团有限公司，主要负责三峡工程

以及金沙江下游大型电站的建设管理，业务也涉及海上风电、太阳能等新能源领域，参与“一带一路”沿线基础设施建设。

• 中国南水北调集团有限公司，主要负责调水工程的开发建设与运营管理，涵盖沿线及国内外的水生态保护、水污染治理、水的生产和供应、项目投资和电力生产等业务。

水利人才培养虽有专业之划分，但基础知识和专业基础知识贯通，专业能力要求一致，工程技术问题交融互通，相互间的专业交汇和工作要求基本不存在壁垒与障碍。水利专业与土木工程、交通运输工程、海洋工程、电力工程、环境工程、能源动力工程等行业领域的兼容性极强，从业选择面宽阔。随着行业的专业交叉融合度越来越高，按照专业就业的局限性越来越小，而适应能力、终身学习能力等变得更为重要。

时代弄潮:智慧水利新时代

谁道人生无再少?
门前流水尚能西!
休将白发唱黄鸡。

——苏轼

▶▶理念升华:从择水而居到人水和谐

自古以来,人类就自然而然地选择了择水而居、沿江湖而居的生活方式。山川湖海是大自然给我们的馈赠,人类择水而居是对大自然的依赖和信任。有水的地方,植被得以繁衍,生物得以生存。水以这种润泽万物、滋养生灵的特性,孕育了人类,也孕育了人类文明。

择水而居是人类最初谋求生存的必然选择。随着社会的进步,农耕文明的兴起,人类对水源的依赖更加强烈。但是,人类居住区域的扩大和农业的发展导致植被退化与水土流失,使人类受到日益严重的洪水灾害的威胁。

中华人民共和国成立之后，为防治水旱灾害，不断投入人力、物力，加强防洪工程建设，在江河治理、防汛抗旱方面基本实现了“拦得下、挡得住”。中华人民共和国成立初期，全国只有1 200多座水库、约4.2万千米堤防，大江大河上基本没有控制性工程。多年来，党和国家一直在加强水利工程建设，截至2020年底，全国有各类水库近10万座，总库容近9 000亿立方米。黄河流域建成了世纪工程——小浪底水利枢纽，将下游防洪标准从60年一遇提高到了千年一遇；长江流域建造了迄今为止世界上规模最大的水利工程——三峡工程，将长江中下游防洪标准由十年一遇提高到了百年一遇。全国已建成5级及以上堤防约3.12万千米，为成功防御重要江河洪水做出了巨大贡献。此外，建成规模以上水闸10万余座（过闸流量5立方米每秒及以上）、水泵站9.5万余处，以及一大批供水工程及重点水源工程，总供水能力为8 600多亿立方米。

为了系统性整合诸多工程措施，发挥综合运用效益，需要将堤防、控制性水库和蓄滞洪区的建设与调度紧密地结合起来，同时辅以水土保持和河道整治。水库通过蓄水和泄水进行径流调节，从而解决水量时空分布不均的问题，即夏秋利用水库拦蓄洪水，必要时启用下游蓄滞洪区。冬春枯水期水库蓄水放流，以保障下游工农业用水。通过系统性整合，我国已经形成集水库、堤防、蓄滞洪区、分洪河道等于一体，较为完善的防洪减灾工程体系，构筑了抵御洪水和应对旱情的坚强屏障。

洪水、台风、干旱，甚至凌汛，都是自然现象，想要战胜甚至消灭这些异常的自然现象不仅不可能，而且也没有必要。洪水是河流生命力的表现，也是塑造河流、孕育河流生物所需的环境条件。20 世纪，随着科学技术的进步，"人定胜天"一度成为治水活动的指导思想。人类在征服自然的思想指导下，总希望在短期内通过实施庞大的工程计划一举实现"根治洪水"的梦想。这种思想至今仍然根深蒂固。防洪工作中"确保安全""万无一失"的要求、"加大投入""短期内大幅度提高防洪标准""消除水患"的设想，仍然在现实中引导一些脱离实际、过度发力的计划。人类应逐步摒弃"唯我独尊""无所不能"的过度自信，选择与洪水共处。我们应采取适宜的发展模式与治理措施，减轻洪水危害，降低洪水风险，除害兴利、化害为利，为人民提供更高水平的防洪安全保障。除此之外，为了解决水库开发过程中的生态问题，在水库、水电站调度运行中应优先考虑生态调度、配套有效的生态保护和修复补偿措施。同时，在水利水电开发过程中，需要考虑水资源的承载力，在相应的限度内进行开发。

我们应自觉遵循客观规律，适应、保护和优化水环

境，确保水生态平衡，在水环境承载限度内科学配置与高效利用水资源，努力推进水资源可持续利用，支撑经济社会可持续发展，实现真正的“人水和谐”。

▶▶凤凰涅槃：从工程水利到智慧水利

中华人民共和国成立以来，我国始终重视国民经济建设和民生福祉，水利事业也得到蓬勃发展，我国逐步成为水利大国，在水利建设、管理、科学研究、先进技术应用等方面，接近或达到国际先进水平，某些方面甚至达到了世界领先水平。中华人民共和国成立以来，水利行业经历了从初级到高级的发展阶段（图10）。

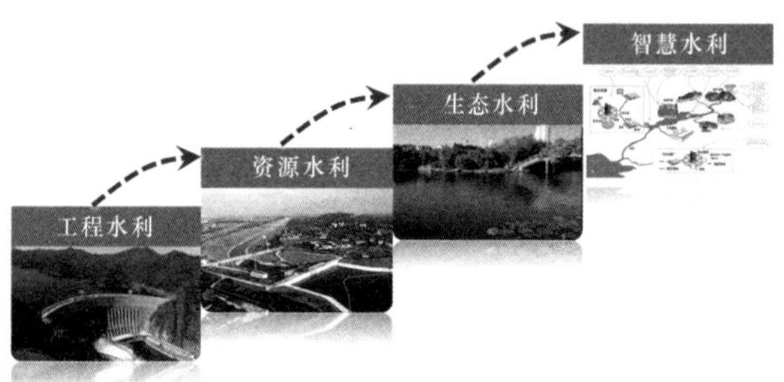

图10　水利发展阶段

中华人民共和国成立初期，为了尽快恢复生产，国家集中力量整修加固江河堤防、农田水利灌排工程。1953—1965年，因发展工农业生产的迫切需要，我国开始了大规模的水利工程建设。1966—1976年，我国水利工程建设投资较少，偶有水利工程和水电站建设，以解决灌溉供水及电力供应紧张的问题。

改革开放后，我国经济建设取得显著成效，出现了大规模开发利用水资源的局面，随之出现了污水大量排放、水环境不断恶化的环境问题及工程建设带来的生态环境破坏、水土流失等问题，洪涝、干旱等灾害时有发生。1998 年，长江、嫩江、松花江流域发生了历史上罕见的流域性大洪水，中共中央、国务院做出灾后重建、整治江湖、兴修水利的重大战略部署，大幅度增加了水利投入，把水利建设列入国家的基础设施重点建设行列。

自 1998 年的大洪水之后，我国政府和学术界、工程界痛定思痛，认真分析面临的水利形势，并制定了相应的应对措施。一些传统的认识开始改变，开始强调水资源的基础属性和自然资源属性，重视水资源的保护，提出了人与自然和谐发展的理念，强调在建设的同时必须与环境保护相协调。

21 世纪伊始，"人水和谐"思想逐步被接受，并成为我国治水的主导思想。

2000—2012 年，治水实现了从"重视水利工程建设"到"把水资源看成一种自然资源、重视'人水和谐'发展"的转变，强调水资源的自然资源属性。这一时期被称为"资源水利"阶段，其特点是重视水资源的合理利用、以"人水和谐"为目标和指导思想。

2007年，中国共产党第十七次全国代表大会将“建设生态文明”列为全面建设小康社会的目标之一，首次把“生态文明”概念写入党代会报告。2009年，中国共产党第十七届四中全会将“生态文明建设”提升到与经济建设、政治建设、文化建设、社会建设并列的战略高度。2012年，中国共产党第十八次全国代表大会的报告单独成篇，全面阐述“大力推进生态文明建设”的意义和举措。这是我国面临“资源约束趋紧、环境污染严重、生态系统退化”严峻形势所做出的战略选择。水是生态之基，水资源是生态文明建设的核心制约因素，是生态文明的重要载体。2013—2020年为“生态水利”阶段，其特点是以保护生态、建设生态文明为目标和指导思想。

现代信息技术以及网络空间虚拟技术的发展，为工业智能化转型提供了条件，也为传统水利向智慧水利转型奠定了基础。云计算、物联网、移动互联网、大数据、人工智能等新一代信息技术迅猛发展，推动了传统产业的升级。采用云计算技术和物联网思想建立的“水联网”，也被称为“智慧水利”。智慧水利涉及的内容非常广泛，不仅需要充分利用信息技术和网络空间虚拟技术，还需要融合水文学、水资源、水环境、水安全、水工程、水经济、水法律、水文化等科技成果，是新一代水利信息化的集成发展方向。

在未来水利发展中，要想实现智慧水利，不仅需要信息科学，而且需要充分利用水利建设和治水经验，将传统水利与现代技术有机结合，进一步探索“云物移大智”等新一代技术在水利水电行业的应用。

▶▶慧眼智芯：从智慧水利到智慧城市

近年来，我国正处于智慧城市建设的战略关键期，信息化、网络化和智能化已成为城市基础设施建设和运营的新趋势。智慧水利是智慧城市建设的重要内容，我国已对其进行了积极探索。目前，信息化基础设施已初具规模：信息采集、水利通信、视频会议等业务增效显著；信息化资源整合加快，水利数据初步实现标准化管理；各类信息化系统投入使用，业务实施效率显著提升。

与交通、电力、医疗等行业的城市基础设施建设相比，水利行业的城市基础设施建设仍存在较大差距。整体来说，水利管理方式、管理手段仍然比较传统，感知监测不够，基础支撑薄弱，智慧业务应用未广泛开展，总体上仍处于智慧水利的起步阶段。

水利业务与新一代信息技术的深度融合，将成为智慧水利事业发展的新引擎。应用智慧化设计，升级优化业务流程，可以实现水利系统的建设、运行、控制、管理等业务环节的智慧化全覆盖。综合各项水利业务流程的内容和特点，智能感知、智能仿真、智能诊断、智能预报、智能调度、智能控制、智能处置、智能管理八大智能化功能

设计将贯穿各项水利系统业务环节。

近年来，水利行业聚焦水利工作难点问题，大力推进智慧水利建设，积累了丰富的应用案例和解决方案，在不断探索的过程中，形成了智慧水利的七大重要应用场景。

✣✣智慧防汛指挥调度

依托先进的可视化技术，充分整合现有软硬件和数据资源，提升防汛指挥调度能力。基于地理信息系统(GIS)平台的指挥调度系统，构建“天空地”一体化的联防联控机制，融合高清视频会商、视频监控、无人机等，全面提升防汛统一指挥、统一调度和统筹协调能力。当上游地区出现连续强降雨，下游水库水位超警戒、水库坝体出现渗漏险情时，值班人员可通过显示屏查看上游实况、历史天气情况以及水雨情信息，通过与气象、水文等部门视频会商，综合研判水库、河道的水情变化趋势，随时圈选查看现场监控画面。通过呼入现场工作人员的手机，回传现场视频画面，汇报现场险情。与救援等相关单位会商后，可通过协同标绘，及时、准确地向现场工作人员下达群众转移指令。通过无人机、地面巡检队伍的手持终端，可随时了解现场渗漏险情，并通过 GIS 平台的指挥调度系统登记渗漏事件，调阅事发地附近监控画面，查看并调集周边防汛仓库的抢险救灾物资设备，第一时间连线防汛专家，远程指导抢险。

❖❖旱情综合监测与评估

运用物联网和云计算技术，基于统一的数据标准体系，集成水文气象、土壤墒情、蒸发和旱情遥感监测等多源干旱实时监测信息，以及作物分布、生长阶段、灌区分布、抗旱水源等基础信息。通过分区、分阶段干旱监测指标筛选，基于指标阈值优选后，实现干旱监测指标和旱区基础信息相结合的网格化、标准化处理，形成集受旱分布、受旱程度、受旱面积、历史对比分析、可用水源、可调水量、物资仓库、抗旱队伍等信息于一体的全国旱情综合评估图。支撑各级抗旱部门以及公众进行旱情核实、发布预警、指挥调度和协同抗旱，最大限度地减少干旱损失。

❖❖智慧水环境监管

贯彻落实河湖长制监管要求时，运用新一代信息技术可大幅提升监管效率。开发人工智能视频分析算法，通过视频图像进行特征分类学习、识别和分析，实现对河流区域内乱扔垃圾、倒排污水等场景的自动抓拍，减小人工值守监管的压力。借助大数据技术和云计算平台，打破监管部门间数据壁垒，实现数据融合共享和业务关联。同时，可发挥联动指挥潜力，将告警信息统一通知到河道巡检、水政、城管等部门，并协同会商，及时解决问题。基于统一的大数据平台，可实现河湖问题交办的电子化流程，对涉河事件进行实时跟踪；可实现河湖长考核电子

化，根据河湖长履职、水质变化等系统数据自动生成考核结果，考核依据客观。

❖❖BIM+智能工程监管

借助建筑信息模型（BIM）技术的可视化、参数共享、数据集成等特性，能够高效地完成复杂的全过程工程项目管理，支持对工程全寿命周期监管。利用BIM技术建立工程的设计模型、施工模型、运维模型等三维模型，实现工程可视化查询和设计的关联修改。支持对关键节点进行施工放样，能有效指导现场工人科学有序施工，从而提高工程质量，减少返工，便于施工交底和后期的运营管理。同时利用可视化、实时、智慧、跨平台应用等方式，为参建各方提供工程进度计划管理、质量管理、安全管理、合同管理、成本管理、资料管理、OA管理等。引入物联网技术、移动计算及人脸识别等技术手段，开发智能巡检系统，可提高工程巡查效率，确保水利工程持续、安全、可靠运行。

❖❖智慧水网

水网是由自然的江河湖库与人工排水管网设施所组成的连通水系，是现代社会的四大基础性网络之一。智慧水网主要由“水物理网”“水信息网”“水调度网”组成。“水物理网”是智慧水网的物质基础，直接决定着江河湖库连通条件下水资源演变以及复杂输水网络的水动力条件。“水信息网”是智慧水网的决策支持系统，包括水在流动过程中相关属性信息的采集、传输、存储、处理的基础设施和数字化系统。“水调度网”是智慧水网的中控枢纽，包括流域水循环预报和水网调控，其目标是使水资源多目标的科学决策与实时调控能力得到全面提升。

✣✣智慧水电梯级调度

在电力市场环境下，基于水库调度规则的水电梯级调度，不仅需要考虑上游来水的不确定性，还需要符合电网系统运行规律，并遵循电力市场交易的崭新模式。人工智能技术的应用可提供智慧化的决策支持。一是开展电力市场需求分析及预测。通过卫星遥感等技术获取受电区的社会和经济运行数据，进行数据挖掘，分析和预测电力市场需求。二是构建基于数据驱动的调度唤醒机制。根据数据变化唤醒调度计算模块，滚动更新预测趋势，对可能出现的冲突或风险给出警示及相应的建议方案。三是构建调度影响因素定量分析及风险分级体系，包括防洪、航运、生态、调峰调频、减震、地质灾害等约束条件。四是构建模型决策支持系统和专家决策支持系统，实现梯级水电站联合优化调度，实现调度决策从“自动化”到“智能化”的跨越。

✣✣智慧农田水利

传统农田作物的栽培严重依赖于农民的经验，精细化管理水平低，容易受水文气象灾害影响。引入物联网

技术可以实现数字化农田耕作。基于遥感的农田监测能够快速估算农田作物的生理指标。通过无人机搭载高分辨率数码相机构成低空遥感农情监测平台，可降低高空遥感图像处理的误差。结合农田作物图像分类识别技术，农业专家可估测农田作物的株高和生长期，远程为农民施肥灌溉的耕作提供建议。运用移动互联网技术，搭建即时交互的农田监管平台，将农民利用移动端即时拍摄的照片传送到云平台，利用深度学习模型自动诊断农田作物的生长状态，匹配施肥灌溉指令，并自动发送到农民的移动端。

▶▶潮起浪涌：水利新局与英才新境

随着云计算、物联网、移动互联网、大数据、人工智能等新一代信息技术与各项水利业务的不断融合，智慧水利的建设理念逐步成为行业共识，传统水利行业焕发了新活力，水利现代化进程不断加速。当前，我国面临“水资源、水生态、水环境、水灾害”四大水问题，呈现出“多目标”“多对象”“多干扰”“大系统”“全寿命周期”的特点。治水对象已由原来简单的、个体的工程扩展为区域系统，关注焦点从单向资源索取向注重与水环境、水生态相协调转变。原来依靠单一学科就能很好解决的、面向单一对象或单一系统的设计和建造中的关键问题的理论、技术和工程方法，很难解决日益复杂的系统性难题。

针对此类难题，“云物移大智”可提供新思路、新技术和新方法。此类新技术的充分运用取得了可喜的工程研究成果，为攻克当前智慧水利领域难题做出了卓越的贡献和成功的示范。

智慧水利事业建设亟须跨学科复合型人才：在水利、管理、信息等多学科交叉领域具备扎实、广泛的理论基础，具有开阔的国际视野，具有把握学科技术前沿的能力，具有科学客观的批判性思维能力、准确生动的表达能力和沟通能力，具有跨学科信息化、网络化和智能化等高新技术创新研发和实践能力，具有较高的思想境界、科学精神和担当风险的社会责任感，具有引领行业未来的意识和终生学习能力。

新一代信息化技术与水利学科的交叉融合，存在学科间跨度大、技术交叉融合难和培育基础薄弱等难题。教育系统已经充分认识到这一新趋势、新需求，启动了大类招生（土木＋水利＋工程管理＋交通＋……）、宽口径培养、课程体系改革等新举措，新工科建设正在如火如荼地进行。人才培养过程也将主动开展交叉学科建设，打破学科壁垒，实施多学科交叉融合，培育跨界复合型工程人才，探索多学科交叉融合的工程人才培养模式，建立跨学科交融的新型组织机构，开设跨学科课程，探索面向复杂工程问题的课程模式，组建跨学科教学团队和跨学科项目平台，推进跨学科合作学习。

水利万物:世界著名水利工程

更立西江石壁,截断巫山云雨,高峡出平湖。

——毛泽东

▶▶世界著名水电站

➡➡三峡水利枢纽工程

长江是中国第一大河。长江上游有高山峡谷,江水湍急。长江中下游地势渐平,河宽水缓。长江流域尤其是中下游地区人口密度大,经济较为发达。历史上长江流域洪水频发,两岸人民生命财产受到极大威胁,治水成为长江流域经济发展的重中之重。同时,长江的水能资源丰富,发电效益巨大,中国对兴建三峡水利枢纽工程(简称三峡工程)的设想和探索由来已久。

✣✣三峡工程建设的意义和决策过程

三峡工程位于长江干流西陵峡河段、湖北省宜昌市三斗坪镇，是长江中上游段的大型水利工程项目。三峡工程可实现防洪、发电、航运等综合效益，是当今世界上最大的水利工程。

• 1919 年，孙中山在《实业计划》中，首次提出建设三峡工程的构想。

• 1919 年，英国工程师波韦尔考察三峡，提出《扬子江三峡水电开发意见》。

• 1944 年，资源委员会与美国垦务局的约翰 · 卢西安 · 萨凡奇博士等协作进行了建坝方案的研究。

• 中华人民共和国成立后，着手开展了三峡工程建设勘测、科研和规划设计工作。

• 改革开放后，我国国力显著增强，技术飞速进步，三峡工程被再次提上日程。

• 1990 年，《长江三峡工程可行性研究报告》提交国务院三峡工程审查委员会审查，并组织专家组现场考察。

• 1992 年 4 月，第七届全国人大第五次会议通过了《关于兴建长江三峡工程的决议》。

• 1994 年 12 月，三峡工程正式开工建设，全国水电建设大军云集三峡工地。

三峡工程概况和枢纽建筑物

三峡工程主要枢纽建筑物包括拦河大坝、电站建筑

物、通航建筑物等。挡泄水建筑物按千年一遇洪水设计，洪峰流量为98 800 立方米每秒；按万年一遇加大 10%洪水校核，洪峰流量为124 300 立方米每秒。拦河大坝为混凝土重力坝，大坝轴线全长为 2 309.5 米，最大坝高为 181 米，主要由泄洪坝段、左右岸厂房坝段和非溢流坝段等组成。电站建筑物由坝后式电站、地下电站和电源电站组成。电站总装机容量为 2 250 万千瓦，多年平均发电量为 882 亿千瓦时。通航建筑物由船闸和升船机（图 11）组成。

图 11　三峡升船机

三峡工程建设工程量巨大，质量有保证，进度按计划，投资能控制。1997 年，大江成功截流（图 12）；

2003年，三峡工程如期实现蓄水135米，船闸试通航，进入围堰挡水发电期；2006年，三峡大坝全线浇筑到设计高程185米；2008年，三峡工程开始实施正常蓄水位175米试验性蓄水；2012年，三峡工程地下电站全部投产发电；2016年，三峡升船机正式进入试通航阶段；2020年，三峡工程整体竣工验收，工程质量满足规程规范和设计要求，总体优良，运行持续保持良好状态，防洪、发电、航运、水资源利用等综合效益全面发挥。

图12　大江截流

三峡工程的世界之最和巨大效益

三峡工程的许多设计指标突破了世界水利工程纪录。

• 三峡工程是世界上防洪效益最为显著的水利工程。

• 三峡工程是世界上最大的水利枢纽工程。

• 无论单项还是总体，三峡工程都是世界上建筑规模最大的水利工程。其中，三峡升船机是世界上规模最大、技术最复杂、建设难度最高的升船机。

• 三峡工程是世界上工程量最大的水利工程。

• 三峡工程创造了混凝土浇筑的世界纪录，是世界上施工难度最大的水利工程。

• 三峡工程是施工期流量最大的水利工程。

三峡工程的巨大综合效益主要体现在如下几方面：

• 防洪。当遭遇百年一遇的洪水时，三峡工程可确保江汉平原的安全；当遭遇千年一遇的洪水时，配合荆江分洪区的使用，三峡工程可避免长江中下游遭遇毁灭性的灾害。

• 发电效益。三峡工程是世界上最大的水电站，2020 年全年累计生产清洁电能约 1 118 亿千瓦时，打破了单座水电站年发电量的世界纪录，成为中国水电引领世界的重要标志。

• 航运效益。长江是贯通我国东西部的黄金水道，三峡水库形成后，宜昌至重庆航段通航条件得到极大改善，重庆成为西南地区通江达海的“准沿海”城市。枯水期通过泄水补水改善下游航运条件，运输成本降低，长江货运量快速增加，有力促进了西南地区的经济发展。

• 长江下游补水。三峡水库蓄水后可冬春补水，有力地保障了长江下游地区生活和工农业用水，同时航道水深平均增加约 0.8 米。

• 生态效益。三峡工程每年生产的清洁电能可节约标准煤约 5 000 万吨，减少二氧化碳排放量约 7 000 万吨，对同期全国温室气体减排平均贡献率为 0.84%。长江通航条件的改善可使船舶的油耗降低，极大地降低了能耗。

• 技术带动作用。三峡工程实现了“技术引进—消化吸收—再创新”的大跨越，在很短时间内自主研制生产 70 万千瓦机组，并接续研制完全自主知识产权的世界最大的 100 万千瓦巨型机组（白鹤滩水电站），成为真正的“大国重器”。

• 旅游效益。三峡工程建成后，三峡大坝旅游景区成为闻名遐迩的水利风光、人文和科普旅游胜地。2007 年，三峡大坝旅游景区（图 13）被评为国家 5A 级旅游景区，同时也是一个爱国主义教育基地。

图 13　三峡大坝旅游景区

❖❖三峡工程的利弊之争与除弊之策

三峡工程从建议提出到论证决策，从设计建设到持续运行，疑虑与争议不断，赞扬与批评共存。争议主要集中在防洪、泥沙、水库诱发地震、移民、沿岸地质灾害、文物保护、珍稀鱼类保护和库区水生态保护、珍稀植物保护、库区局地气候变化、国防安全等方面。

正是由于存在大量的争议、反对和疑虑，三峡工程才进行了前所未有的深入细致的论证，对可能存在的技术、经济、社会、环境等问题逐一开展研究，对可能存在的负面影响思考如何最大限度地加以降低和转化、消除。实践证明，三峡工程的论证决策是科学的、民主的，规划设计是合理的、先进的，采取的对策是有效的、可行的。

总之，三峡工程攻克了诸多技术难题，创造了诸多世界第一，实现了中国水利水电领先世界的新跨越。三峡工程的效益巨大，影响深远，功在当代，利在千秋！

➡➡溪洛渡水电站

溪洛渡水电站位于四川省雷波县和云南省永善县接壤的金沙江峡谷段，是金沙江下游四个巨型水电站中最大的一个。2005 年正式开工建设，2015 年竣工。溪洛渡水电站是中国第二大水电站、世界第三大水电站。

溪洛渡水电站以发电为主，兼具防洪、拦沙、改善下游航运条件等综合效益。该工程可以减少三峡库区的入库沙量，与三峡水库联合调度可减少长江中下游分洪量，是长江防洪体系的重要组成部分，是解决川江洪水问题的主要工程措施之一。

➡➡白鹤滩水电站

白鹤滩水电站位于云南、四川两省交界的金沙江干流下游，是金沙江下游干流河段梯级开发的第二个梯级电站。白鹤滩水电站以发电为主，兼具防洪、拦沙、改善下游航运条件和发展库区通航等综合效益。白鹤滩水电站预计 2022 年完工。其拦河大坝为混凝土双曲拱坝，高度居世界第三。

白鹤滩水电站是世界在建规模最大的水电工程，布置8 台具有完全自主知识产权、世界上首批单机容量达 100 万千瓦的水轮发电机组，单机容量位居世界第一，是水电行业的“珠穆朗玛峰”。

➡➡乌东德水电站

乌东德水电站位于云南省昆明市禄劝县和四川省凉山州会东县交界处，是实施“西电东送”的国家重大工程，是金沙江下游四座梯级电站的第一级，是中国第四座、世界第七座跨入千万千瓦级行列的巨型水电站。其挡水大坝为混凝土双曲拱坝。

乌东德水电站先后创造世界最薄300米级特高拱坝等7项“世界第一”，创下全坝采用低热水泥混凝土等12项“全球首次”，攻克大体积混凝土温控防裂、800兆帕高强钢焊接等世界级难题，连续多年取得质量安全“双零”，高质量实现了建设精品工程的目标。乌东德水库预留防洪库容相当于170多个西湖的容量，具备有效拦蓄金沙江洪水的条件，是长江流域防洪体系的组成部分。

➡➡伊泰普水电站

伊泰普水电站位于南美洲的巴西和巴拉圭两国边界的巴拉那河中游河段。伊泰普水电站于1991年建成，1998年续建，是20世纪建成的世界最大水电站。伊泰普水电站是当今世界装机容量第二、发电量第二的水电站，仅次于我国的三峡工程。伊泰普水电站由巴西和巴拉圭两国共建、共管，所发电力由两国平分，巴拉圭将多余电力出售给巴西，以偿还巴西所垫付的建设资金。

➡➡阿斯旺水坝

阿斯旺水坝位于埃及境内的尼罗河干流上，在埃及首都开罗以南约800千米的阿斯旺城附近，是一座大型综合水利枢纽工程，具有灌溉、发电、防洪、航运、旅游、水产等综合效益。

阿斯旺水坝的建成被认为是埃及社会经济发展的里

程碑，但随着时间的推移，阿斯旺水坝的负面影响也日益凸现。埃及投入了大量资金来研究和解决水质等问题。一位埃及学者曾说："建造阿斯旺水坝的纳赛尔总统是一位伟人，但拆除阿斯旺水坝的人可能比纳赛尔总统更伟大。"

➡➡大古力水电站

大古力水电站位于哥伦比亚河上，在美国华盛顿州斯波坎市附近，是一座具有发电、防洪、灌溉等效益的大型综合水利枢纽工程，是哥伦比亚河上众多坝中最大、最复杂的一座。该水电站于 1951 年建成，是当时世界上最大的水电站。为了充分开发哥伦比亚河，1961 年美国和加拿大两国政府签订了共同开发该河水资源的条约。大古力水电站兼具防洪和发电双重功能，水量丰富，泥沙很少，水库无移民问题。

在乌东德水电站建成之前，大古力水电站的混流式水轮机一直保持世界上最大容量和最大尺寸混流式水轮机的纪录。

➡➡胡佛大坝

胡佛大坝是美国综合开发科罗拉多河水资源的一项关键性工程，位于内华达州和亚利桑那州交界处的黑峡，是一座拱门式混凝土重力坝。胡佛大坝形成的水库为米德湖。胡佛大坝在防洪、灌溉、城市及工业供水、水力发

电、航运等方面都发挥了巨大作用。

胡佛大坝于 1931 年动工,1936 年第一台机组正式发电。胡佛大坝在低热水泥、混凝土配合比设计、柱状块浇筑、混凝土温度控制等方面都取得了重大技术突破。

➡➡萨扬—舒申斯克水电站

萨扬—舒申斯克水电站位于俄罗斯西伯利亚叶尼塞河上游,主要功能是发电,兼具灌溉、航运和供水功能,为叶尼塞河的控制性龙头水库。混凝土重力拱坝最大坝高为 242 米,为当时世界之最。

萨扬—舒申斯克水电站在 2009 年发生了重大惨案,经济损失巨大,社会负面影响广泛,引起了世界各国的高度重视。水电站管理者应引以为戒,杜绝重大事故发生,保障群众生命财产安全。

➡➡大迪克桑斯水坝

大迪克桑斯水坝是目前世界上最高的混凝土重力坝,也是欧洲最高的水坝。大迪克桑斯水坝位于瑞士罗讷河支流迪克桑斯河上,通过管道将罗讷河水引至发电站。坝址位于阿尔卑斯山区,阿尔卑斯山区峡谷多且坡陡,河谷呈“V”形,迪斯湖因此而形成。

工程主要建筑物包括混凝土重力坝、泄洪建筑物、左岸发电引水系统和地下厂房。该工程于 1953 年开工建设，1957 年完成蓄水，1962 年建成。

▶▶舟楫通五洲：世界著名港口和运河

➡➡中国上海洋山深水港

上海洋山深水港位于杭州湾口外的崎岖列岛，由小洋山岛域、东海大桥、洋山保税港区组成，于 2005 年开港。按一次规划、分期实施的原则，2002—2020 年分四期建设。目前上海洋山深水港已经成为全球单体规模最大的全自动码头之一。

➡➡中国台湾高雄港

台湾高雄港位于中国台湾高雄市，是台湾南部最重要的商港，也是台湾最大的港口。台湾高雄港货物吞吐量曾长期位居世界港口吞吐量第三位，仅次于中国香港港与新加坡港。

➡➡中国香港港

香港港是天然良港，是远东的航运中心。香港港是全球最繁忙和效率最高的国际集装箱港口之一，也是全球供应链的主要枢纽港。香港港拥有优良的港口设施和高效的作业流程，港口管理先进。香港港不仅拥有集装箱码头，还拥有石油、煤炭、水泥等专用码头。

➡➡中国广州港

广州港地处珠江入海口和珠江三角洲地区中心地带，濒临南海，毗邻香港和澳门，东江、西江、北江在此汇流入海。秦汉时期，广州古港是中国对外贸易的港口。唐宋时期，“广州通海夷道”是远洋航线。清朝，广州港成为中国对外通商口岸和对外贸易的港口。1978 年以来，广州港发展成为中国综合运输体系的重要枢纽和华南地区对外贸易的重要口岸。2018 年，广州港货物吞吐量居世界港口吞吐量第五位。

➡➡中国大连港

大连港位于辽东半岛南端，1899 年开始在大连湾起步建设，相继建设了寺儿沟港区、黑嘴子港区、香炉礁港区、甘井子港区和大窑湾港区。大连港是一个天然深水良港，是北方的不冻港，也是我国最大的散粮、石油进出口及对外贸易的口岸，具备装卸储存、中转换装、多式联运、运输代理、通信信息和生活服务等多项功能，在东北港口群体中处于枢纽和主导的地位。

➡➡美国纽约港

纽约港位于美国东北部哈得孙河河口，东临大西洋，是美国最大的海港。它是美国第三大集装箱港，又是美国出口废金属的最大港口。由于自然条件优越，纽约港在 1800 年便成为美国最大港口。由于纽约所处的大西洋西北侧为全美人口最密集、工商业最发达的区域，纽约港成为美国最重要的产品集散地，也因此奠定了其全球重要航运交通枢纽及欧美交通中心的地位。在纽约的发展史上，纽约港扮演的角色亦十分重要。

➡➡日本横滨港

横滨港是日本最大的海港，也是亚洲最大的港口之一，是发展京滨工业区的支柱。日本是加工贸易型国家，对外贸易在国民经济中极为重要。虽然横滨港货物吞吐量低于神户港和千叶港，但是港口贸易额却居日本首位，成为日本最大的国际贸易港。

➡➡日本神户港

神户港位于日本本州南部兵库县芦屋川河口西岸，濒临大阪湾西北侧。神户港对外联系的陆路交通极为方便，填海建造的港岛及六甲岛等人工岛有桥梁与大陆连接。神户港位于主要船运线路上，也是通往东亚的门户，在开通航线数量和航运频度方面跻身亚洲前列。由于神户港几乎处于日本的中心位置，其在未来很长的一段时间内仍将是日本的主要国际贸易港。

➡➡新加坡港

新加坡港位于新加坡的南部沿海，西临马六甲海峡，南临新加坡海峡，是亚太地区第二大港口。新加坡港的

集装箱吞吐量在全世界排名第二。新加坡港位于太平洋及印度洋之间的航运要道，战略地位十分重要，自 13 世纪便是国际贸易港口，并发展成为国际著名的转口港。

➡➡荷兰鹿特丹港

鹿特丹是荷兰第二大城市。鹿特丹港是欧洲第一大港口，曾是世界上最大的海港，位于莱茵河与马斯河汇合处。港区水域深广，内河航船可通行无阻，外港深水码头可停泊巨型货轮和超级油轮。鹿特丹港是连接欧洲、美洲、亚洲、非洲、大洋洲五大洲的重要港口，素有“欧洲门户”之称。

上面重点介绍的是世界著名港口工程。世界上的大港均是海运港口，内河港口（如重庆港）相对要小得多，因为内河很难通行巨型货船和大型邮轮。海洋是天然的航道，但由于陆地的地理特点，有时两地之间的航行需要沿海岸线绕行，比如从非洲的东海岸到西海岸，必须绕行好望角。为了缩短航行距离，节省运输成本和时间，开凿人工运河就成为重大需求。中国古代的京杭大运河、隋唐大运河主要是为了解决漕运问题，而不仅仅是为了缩短航程。运河属于人工航道，也是港口和航道工程专业学习研究的对象之一。世界上最著名的人工运河是苏伊士运河和巴拿马运河，下面分别加以简要介绍。

➡➡苏伊士运河

连接欧亚两岸的传统航线是好望角航线。好望角航线从欧洲大西洋沿岸一路南下，通过非洲西海岸，绕过好望角北上，进入印度洋，直达印度等地。同时，穿过马六甲海峡还可以进入东南亚和中国。打开世界地图，我们可以直观地看到，这一航线近似于环南半球旅行，航程遥远且不安全。如果能在东西方向最近距离处开凿一个陆地航道，将极大地缩短航程。

苏伊士运河于 1869 年建成通航，北起塞得港，南至苏伊士城，在埃及境内贯通苏伊士地峡，连通地中海与红海，全线基本为直线，是世界上少有的无船闸明渠式的人工航道。苏伊士运河打通了从欧洲至印度洋和西太平洋的最近航线，是世界上最繁忙的航线，为世界贸易往来提供了极大便利。

➡➡巴拿马运河

巴拿马运河位于中美洲的巴拿马，横穿巴拿马地峡，是连接太平洋和大西洋的航运要道，是被誉为世界七大工程奇迹之一的“世界桥梁”。1920 年正式通航。

巴拿马运河并不是由东向西横穿巴拿马地峡，而是把科隆作为入口，向南通过加通水闸，到达加通湖的最宽处，然后急转向东，沿一条大致向东南的航道到达太平洋一侧的巴拿马湾。

只有巴拿马型船在几乎贴着边壁的情况下才能通过巴拿马运河，其他大型船则需绕走南美洲的合恩角，这限制了巴拿马运河的航运通过能力。扩建计划是在巴拿马运河的两端各修建一个三级提升的船闸和配套设施。扩建后，巴拿马运河每年将有更多的船只和货物通过。巴拿马运河承担着全世界5%的贸易货运量。

▶▶世界著名调水工程

➡➡中国南水北调工程

南水北调工程是中华人民共和国成立以来投资最大、涉及面最广的战略性工程，通过东线、中线和西线三条调水线路，连通长江、黄河、淮河和海河，构成了以“四横三纵”为主体的总体布局，以实现中国水资源南北调配、东西互济。

1952年，毛泽东视察黄河时提出了南水北调的战略构想。历经半个世纪，通过分析比较多种方案，东线工程和中线工程分别于2002年和2003年正式开工建设。

东线工程通过江苏省扬州市江都水利枢纽从长江下游干流提水，沿京杭大运河逐级提水北送，向华北平原东部、胶东地区和京津冀地区提供生产和生活用水。东线工程分三期实施。一期工程已于2013年正式通水运行，建成的东线泵站群是世界上规模最大的泵站群工程。二期工程力争在“十四五”期间实现全面开工建设。中线工程起点位于汉江中上游的丹江口水库，沿华北平原中西部边缘开挖渠道，在荥阳通过隧道下穿黄河，沿京广铁路西侧北上，自流到北京市颐和园团城湖，重点解决河南、河北、北京、天津四省市的水资源短缺问题，为沿线十几座大中城市提供生产、生活和工农业用水。中线工程分两期实施。一期工程已于 2014 年正式通水运行。二期工程为引江补汉工程。西线工程计划从长江上游支流雅砻江、大渡河调水，解决我国西北地区干旱缺水问题，目前尚处于前期论证阶段。

南水北调工程是世界上规模最大的调水工程之一，最终每年调水量相当于黄河的水量，建成后将解决 700 多万人长期饮用高氟水和苦咸水的问题，是世界上受益人口最多、受益范围最大、调水距离最长的调水工程，是优化我国水资源配置、促进区域协调发展的基础性工程，在社会、经济、生态等方面都有重要意义。

➡➡中国东江—深圳供水工程

东江—深圳供水工程位于广东省东莞市和深圳市境内，主要为香港、深圳及工程沿线的东莞城镇提供饮用水及农田灌溉用水，是内地向香港供水的大型跨流域调水工程。

东江—深圳供水工程改变了香港地区长期淡水、优质原水严重缺乏的状况。如今，香港用水的 70%～80%、深圳用水的 50%、东莞沿线八镇用水的 80%左右，都来

自东江—深圳供水工程。东江—深圳供水工程不仅关系到香港地区的繁荣稳定，而且对深圳特区及东江—深圳沿线地区经济和社会的快速发展起着极其重要的作用。

➡➡中国引大入秦工程

引大入秦工程是跨流域自流灌溉工程，有西北"都江堰"之称，在诸多方面创造了中国乃至世界水利建设的先进范例，是中国水利史的经典之作。

引大入秦工程是将发源于青海省木里山的大通河水跨流域调入甘肃省兰州市以北 60 千米的秦王川地区的一项大型水利工程，地跨甘肃、青海两省的四地（市）六县（区），穿越崇山峻岭，工程艰巨，施工条件复杂。引大入秦工程对实现甘肃省粮食自给，中共中央提出的开发、建设黄河上游多民族经济区，以及西部大开发具有重大意义。

➡➡中国引滦入津工程

引滦入津工程是中国华北地区的一项跨流域调水工程，是将河北省境内的滦河水跨流域引入天津市的城市供水工程，规模宏大，技术复杂。引滦入津工程结束了天津人民喝苦咸水的历史，从根本上扭转了天津缺水的紧张局面，成为天津经济和社会发展赖以生存的"生命线"，同时也改善了整个华北平原供水紧张的局面，并且为沿线各地带来了巨大的经济、社会和环境效益。

➡➡中国大伙房输水工程

大伙房输水工程是以满足中国辽宁省中南部七座城市居民用水和工业用水巨大需求为目的的大型水利工程，被誉为辽宁省的“生命线工程”。大伙房输水工程将辽宁省东部山区优质充沛的水资源集中到大伙房水库，再通过水库辐射到周边的七座城市。这七座城市分别为沈阳、抚顺、辽阳、鞍山、盘锦、营口、大连。

大伙房输水工程包括从辽宁省东部水源地向抚顺大伙房水库调水的一期工程和从大伙房水库向受水城市输水的二期工程。一期工程于 2009 年竣工通水，二期工程于 2010 年竣工。工程全部采用隧洞和管道封闭输水，是目前国内管道输水距离最长、输水量最大、供水方式最复杂的工程。

大伙房输水工程不仅为辽宁省中南部城市的生产、生活用水提供了保障，同时也补给了周边地区的地下水资源，为辽宁省的生态文明建设提供了有力支撑。

➡➡中国河南省林县红旗渠

严格意义上讲，红旗渠是一个引水工程。与世界著名的调水工程相比，红旗渠规模不够大，但其意义非凡。红旗渠是 20 世纪 60 年代林县（今林州市）人民在极其艰难的条件下，在太行山腰修建的引漳入林的工程，被称为“人工天河”。

➡➡以色列北水南调工程

以色列北水南调工程又称以色列国家输水工程，是以色列最大的水利工程项目，其任务是把水资源较为丰富的北方地区的水输送到干旱缺水的南部地区，是以色列中南部地区供水的命脉和生命线。

以色列北水南调工程于 1953 年开工建设，1964 年竣工并投入运行，历时 11 年。之后工程不断扩建，形成了全国统一调配的供水系统，改善了以色列水资源配置的不利状况，缓解了制约南部地区发展的水资源需求，带动了南部地区经济和社会的发展，使大片荒漠变成了绿洲，扩大了以色列的生存空间。

➡➡俄罗斯莫斯科运河

莫斯科运河沟通了伏尔加河到里海、波罗的海、白海、黑海和亚速海的水上航线，使莫斯科成为“五海之港”。莫斯科运河于 1932 年开工建设，1937 年竣工。运河水工建筑物的设计标准和建造水平，今天看来仍不落后。

➡➡秘鲁马赫斯—西瓜斯调水工程

秘鲁马赫斯—西瓜斯调水工程位于秘鲁南部阿雷基帕省，建在安第斯山区，是迄今为止世界上已建的海拔最高的调水工程，工程艰巨、宏伟，创造了南美隧道长度纪录，开创了高山地区调水之先河。工程于 1971 年开工建设，目的是解决秘鲁南部阿雷基帕省严重缺水的问题，开发马赫斯和西瓜斯两片平原荒漠，发展灌溉农业。

➡➡德国巴伐利亚州调水工程

德国巴伐利亚州调水工程是世界上为数不多的将环保生态作为主要目的的调水工程。工程从巴伐利亚州南部水资源相对丰沛的多瑙河流域向北部缺水的美因河流域调水，于 1970 年开工建设，2000 年竣工。工程包括美因-多瑙运河、阿尔特米尔渠道两条独立的输水系统。

➡➡美国加州北水南调工程

美国加州北水南调工程是美国最具代表性的调水工程，是美国政府为解决加利福尼亚州南部和中部缺水问题而建的。工程于 1957 年开工建设，分两期完成。除了保证城市工业用水外，还具有防洪、灌溉、水力发电及旅游等综合效益。该北水南调工程是美国已建成的最大调水工程，也是世界上屈指可数的巨型水利及水电开发系统工程之一。

➡➡澳大利亚雪山调水工程

澳大利亚雪山调水工程位于澳大利亚东南部，主要目的是将澳大利亚东部的水调至西部干旱地区，用于灌溉和发电，是世界大型跨流域、跨地区调水工程之一。工程建成后，雪河和尤坎本河的水经尤坎本湖调节，穿过隧洞向西并被引入墨累河流域。雪山调水工程以发电、灌

溉为主，同时解决了澳大利亚南部城市供水和工业用水问题。整个工程分为雪河—墨累河、雪河—蒂默特河两大系统。雪山调水工程跨雪河流域和墨累河流域，涉及澳大利亚的两个州和一个特区。

▶▶匠心惠古今：中国古代著名水利工程

➡➡都江堰水利工程

号称“天府之国”的成都平原，在古代却是一个水旱灾害十分严重的洼地。公元前 256 年，蜀郡郡守李冰率领蜀地各族人民建造了都江堰这座千古不朽的水利工程。都江堰水利工程充分利用当地西北高、东南低的地理条件，根据江河出山口处特殊的地形、水脉、水势，乘势利导，无坝引水，自流灌溉，使堤防、分水、泄洪、排沙、控流相互依存，共为体系，保证了防洪、灌溉、水运和社会用水等综合效益充分发挥。

都江堰分水大堤前端犹如鱼头，所以取名为“鱼嘴”。分水大堤将岷江分为内江、外江，起航运、灌溉与分洪的作用。宝瓶口是节制内江水量的口门。内江和外江这两条主渠沟通了成都平原上零星分布的农田灌溉渠，初步形成了规模巨大的渠道网。为了进一步控制流入宝瓶口的水量，在分水大堤的尾部，又修建了分洪用的平水槽和飞沙堰溢洪道。飞沙堰用竹笼装卵石堆筑，堰顶做到适宜的高度。当内江水位过高时，洪水就经由平水槽漫过飞沙堰流入外江，使内江灌区免遭水淹。

都江堰水利工程拥有“世界文化遗产”、“世界自然遗产”和“世界灌溉工程遗产”三大世界遗产项目称号。都江堰水利工程不仅是中国古代水利工程技术的伟大奇迹，也是世界水利工程的璀璨明珠。

➡➡郑国渠

公元前246年，战国时期的韩国水利专家郑国主持建造了灌溉水渠，约10年后完工。后人将其命名为“郑国渠”。

郑国渠以泾水为水源，引水灌溉渭水北面农田，其灌溉方式为引洪淤灌(大水漫灌)。郑国渠西北微高、东南略低，渠的主干线沿北山南麓自西向东伸展，流经今泾阳县、三原县、富平县、蒲城县等，最后在蒲城县晋城村南注入洛河。在关中平原北部，泾河、洛河、渭河之间构成密如蛛网的灌溉系统，使干旱缺雨的关中平原得到灌溉。

郑国渠是古代劳动人民修建的一项伟大工程，是最早在关中建设的大型水利工程。2016年，郑国渠申遗成功，成为陕西省第一处世界灌溉工程遗产。

➡➡它山堰

它山堰位于浙江省宁波市鄞州区的它山，樟溪的出

口处，是甬江支流鄞江上修建的御咸蓄淡引水灌溉枢纽工程，唐太和七年(833 年)由县令王元玮主持建造。它山堰把鄞江上游来水引入内渠南塘河，并在内河与外江之间围堤建闸，将江河分开。在南塘河上分别建乌金碶、积渎碶、行春碶三座碶闸，以启闭蓄泄，使堰和碶形成一个完整的水利系统。它山堰与郑国渠、灵渠、都江堰合称中国古代四大水利工程。

它山堰枢纽有回沙闸、官池塘、洪水湾塘等配套工程遗迹和它山庙、“片石留香”碑亭等纪念建筑，有较高的历史和科学研究价值，为研究中国古代水利史、建筑史、文化史提供了宝贵的实物资料，为第三批全国重点文物保护单位。2015 年，它山堰入选世界灌溉工程遗产名录。

➡➡京杭大运河

京杭大运河始建于春秋时期，是世界上里程最长、工程最大的古代运河，也是最古老的运河之一，与长城、坎儿井并称为中国古代三大工程。京杭大运河南起余杭(今杭州)，北到涿郡(今北京)，途经今浙江省、江苏省、山东省、河北省及天津市、北京市，贯通海河、黄河、淮河、长江、钱塘江五大水系，主要水源为微山湖。京杭大运河全长约 1 794 千米，全程可分为七段，分别为通惠河、北运河、南运河、鲁运河、中运河、里运河、江南运河。

京杭大运河不仅是南北政治、经济、文化联系的纽带，也是沟通亚洲内陆丝绸之路和海上丝绸之路的枢纽。京杭大运河的通航还促进了沿岸地区城镇和工商业的发展。2014 年，京杭大运河项目成功入选世界文化遗产名录。

➡➡隋唐大运河

从秦朝开始，众多朝代都开凿了大量的运河河道，西至河南、南达广东、北到华北平原都修建了人工运河。这些人工运河和天然河流连接起来，构成了四通八达的水系，为隋唐大运河体系的形成奠定了基础。

隋朝的开河只是将自然河流和现存河道连接在一起。隋文帝时期，通过对汉朝漕渠的疏浚，开通了广通渠。隋炀帝时期，在广通渠的基础之上，又将通济渠、邗渠、永济渠和江南运河进行疏通和修缮，建成了隋朝大运河。到了唐朝，对隋朝大运河进行了艰苦不懈的疏浚、修整和开凿，并对其他相关联的漕运水道进行了长期的修凿和疏浚治理，使漕运的干流和支流得以畅通，出现了兴旺发达的漕运事业，最终形成了以漕运为主要功能的隋唐大运河。

隋唐大运河南起杭州，北至北京，中心在洛阳。沿途经过今浙江省、江苏省、安徽省、河南省、山东省、河北省，将南北河道与长江、黄河、淮河、钱塘江、海河等水系连接起来，构成一个水网。生产于江浙一带的粮食、丝绸、瓷器终于能通过隋唐大运河，大量地运到洛

阳，南北方的交流更加便捷，经济发展更加迅速。与此同时，河流频繁治理带动了沿线城市的发展，促进了经济的繁荣。

➡➡白渠

白渠是陕西关中地区的著名古代水利工程，于公元前95年开始建造。因为采纳了赵中大夫白公的建议而修建，故名“白渠”。白渠与郑国渠合称郑白渠。白渠自谷口分泾水东南流，经高陵、栎阳东到下邽后向南注入渭河。建成之后的白渠，不仅方便了粮食的运输，还可以灌溉大片农田。由于泾河含有较多泥沙，白渠也为关中平原的农田带来了肥沃的沉积土壤，使泾阳、三原一带大片农田的土地条件得到了改善，产粮量增加，人民生活水平得到了提高。

➡➡龙首渠

约公元前120—公元前111年，为了开发洛河水利，汉武帝征调了一万多名兵卒，挖通了自澄城县起、终到大荔县的龙首渠。龙首渠是中国历史上第一条地下井渠。因为龙首渠要经过商颜山，商颜山的土质疏松，渠岸易于崩毁，因而不能采用常规的施工方法修建。为了克服这种地质条件，智慧的先人发明了井渠法，使龙首渠从地下穿过。直到现在，新疆维吾尔自治区的人们在沙漠地区仍然用井渠法修建灌溉渠道。中亚和西亚的干旱地带也用这种方法灌溉农田。

➡➡坎儿井

坎儿井创始于西汉，是荒漠地区的新型灌溉工程形式，普遍存在于新疆维吾尔自治区吐鲁番市。

坎儿井由竖井、地下暗渠、地面明渠和涝坝四部分组成。坎儿井的构造原理是：在雪山山脚处寻找水源，在一定间距打深浅不等的竖井，将地下水汇聚，然后再依地势高低在井底修通暗渠，连接各井，引水下流。暗渠的出水口与明渠相连接，作为蓄水池的涝坝将水蓄起，以供灌溉。坎儿井这种独特的地下水利工程，把高山雪水引向盆地地面，不仅减少了水分蒸发，而且保护了水质，灌溉了吐鲁番盆地的农田，使吐鲁番的沙漠变成了绿洲。作为一种先进的干旱地区引水水利灌溉系统，坎儿井也承载了吐鲁番独特的文化传统。

坎儿井主要分布在亚洲中西部，非洲和欧洲部分地区也有分布。新疆维吾尔自治区坎儿井灌溉系统构造奇特，作用显著，不仅是中华文明一个灿烂的文化成就，更是世界文明的重要组成部分。

➡➡灵渠

灵渠，古称秦凿渠、零渠，位于广西壮族自治区兴安县。灵渠是世界上现存最完整的古代水利工程，是世界上最古老的人工运河之一，也是世界上第一条等高线运河。

秦始皇统一六国后，派屠睢率五十万大军向岭南进

军。由于路途遥远，山高路险，粮草运输困难，导致连续两年未攻下岭南。于是，秦始皇派史禄前往兴安，精心选址，巧妙设计，凿山劈石，集中军民的智慧与力量，在湘江与漓江之间修筑了巧夺天工的人造运河——灵渠，沟通了长江水系和珠江水系。由此，秦军浩浩荡荡，装粮运草，出长江，过洞庭，溯湘江，越过灵渠，进入漓江，横扫两广，将岭南正式纳入秦朝的版图。

灵渠主体工程由铧嘴、大天平、小天平、南渠、北渠、泄水天平、水涵、陡门、堰坝、秦堤、桥梁等部分组成。它沟通了长江水系和珠江水系，对改善南北水路交通运输起到了重要作用。

泽厚流光：世界著名水利专家

大江东去，浪淘尽，千古风流人物。

——苏轼

▶▶往圣先贤：历史记忆中的水利专家

在古代，中国乃至世界上的部落和国家，尚缺少科学理论和工程技术的支撑，也不可能有专门的水利部门和水利工程师，治水就成为中央和地方政府官员乃至最高统治者的职责之一。在探索与实践中涌现出了许多治水专家，有的是部落首领，如大禹等；有的是中央或地方政府官员，如孙叔敖、西门豹、苏轼、林则徐等。随着科学技术的发展，才有了专门研究治水的专职官员和专家，如郭守敬、潘季驯等。近现代科学技术日新月异，水利科学与技术已成为专门的学科分支，还成立了专门学校以培养、训练水利专门人才，水利领域杰出科学家和工程师不断涌现。本部分选择若干世界著名水利专家，简要介绍其生平事迹，以中国古代、近代水利学家为主。铭记前贤治

水功业，研读先哲治水方略，发思古之幽风，怀为民之高风。

➡➡大禹：三过家门而不入

禹（生卒年不详），黄帝的后代，是中国上古时期治水的领袖人物。4 000 多年前，中国黄河流域洪水为患。禹的父亲鲧在岸边设置河堤治水，但效果不显著，历时九年未能平息洪水灾祸，之后其独子禹主持治水大任。

禹从鲧治水的失败中吸取教训，改“堵”为“疏”，采用了“治水须顺水性，水性就下，导之入海”的方法。洪水由此一泻千里，向下游流去，江河从此畅通。后人尊称其为大禹。

大禹治水在中华文明发展史上有重要意义，催生了我国第一个奴隶制国家——夏朝。司马迁在《史记》中赞道：“禹抑洪水十三年，过家不入门。……九川既疏，九泽既洒，诸夏艾安，功施于三代。”大禹治水，泽惠百世，名垂千古。

➡➡孙叔敖：芍陂工程利千秋

孙叔敖（约公元前 630—公元前 593），春秋时楚国人，曾任楚国令尹，春秋时著名的水利专家、政治家和军事家。

孙叔敖担任令尹之时，内忧外患，民不聊生，令典荒废，百业待兴。他在淮河以南、淠河以东，察看了大片农田的旱涝情况；又沿淠河而上，爬山越岭，勘测了来自大别山的水源；然后在淮南一带，征集民力，疏沟开渠，洼地除涝，高地防旱。

孙叔敖主持修建了中国最早的大型引水灌溉工程——期思—雩娄灌区，古代著名的蓄水灌溉工程芍陂工程也是他主持修建的。芍陂工程的兴建，使得今寿县一带成为楚国的粮仓，为繁荣楚国经济和屯田积谷济军，起到了积极作用。正因为如此，孙叔敖在辅佐楚庄王时使楚国在较短时间内一跃成为军事大国。

➡➡西门豹：兴建引漳十二渠

西门豹（生卒年不详），战国时魏国人，魏文侯时任邺（今河北临漳西南）令，著名的水利专家和政治家。

西门豹任邺令之初，该地田园荒芜，人烟稀少，于是他决定引漳水溉田、发展农业。西门豹动员群众，查勘地形，科学规划，组织开凿十二渠，引漳河水灌溉农田，这就是著名的古代大型河系引水灌溉工程——引漳十二渠。该工程至唐朝一直发挥着灌溉和供水等作用，此后屡经兴废，现作为漳南灌区的一部分仍继续发挥着作用。

西门豹治水秉持科学精神，充分考虑漳河水多泥沙的特性，遵循河流规律并加以引导利用。其治水思想至今依然具有十分重要的借鉴意义。

➡➡李冰:天府受益都江堰

李冰(生卒年不详),战国时著名的水利专家。公元前256—公元前251年,李冰被秦昭王任为蜀郡(今成都一带)守。李冰到蜀郡后和儿子二郎沿岷江进行实地考察,了解水情、地势,确定了“引水以灌田,分洪以灭灾”的治水方针。以现存记载为基础,结合现今都江堰工程结构分析,可以基本确定李冰创建的都江堰由鱼嘴、飞沙堰和宝瓶口及渠道网组成。两千多年来,都江堰发挥着巨大的灌溉作用,成都平原成为“沃野千里”的“天府之国”。除都江堰工程外,李冰还主持修建了岷江流域的其他水利工程。

➡➡贾让:治河三策传千古

贾让(生卒年不详),西汉末年著名的水利专家,是当时筹划治理黄河的代表人物。历史上黄河上下游经常决口和改道,给两岸人民带来了深重的灾难。公元前7年,贾让提出治理黄河的上、中、下三策,即著名的“治河三策”。上策为不与水争地,即针对当时黄河已成悬河的形势,提出人工改道、避高趋下的方案。中策为开渠引水,达到分洪、灌溉和发展航运等目的。下策为保守旧堤,年年修补,劳费无穷。

贾让的“治河三策”是我国流传下来的最早的、比较全面的、系统的治河文献。直到现在,他的许多思想和方法仍有较强的针对性和较好的适用性。贾让不仅提出了防御黄河洪水灾害的对策，还提出了灌溉、放淤、治碱、通航等多方面的治理措施，并首次提出了“补偿时间”和“移民补偿”概念。贾让在 2 000 多年前提出的“治河三策”，可以说是我国黄河治理史上第一个兴利除害的综合性规划。

➡➡王景：黄河安流八百年

王景（约 30—85），字仲通，东汉琅琊人，博学多才，尤其擅长水利工程建设。

西汉末年，黄河、汴渠决溢，水患持续 60 余年。王景采用“堰流法”，使治河取得了成功。后来黄河再次决口，王景采用“河、汴分流”“河、汴兼治”的方法进行治理。治理后的黄河河道，流经西汉故道与泰山北麓的低地，距海较近，行水较顺利。由此，黄河决溢灾害明显减少，出现了一个相对安流的时期。

王景治理黄河成效卓著，从东汉末年到唐朝末年，被称为黄河“八百年安流”期，相对稳定的黄河下游河段被称为“汉唐大河”。

➡➡马臻：功成身灭皆鉴湖

马臻（88—141），字叔荐，东汉时著名的水利专家。东汉顺帝永和五年（140），马臻任会稽（今浙江绍兴）太守，修建了我国古代最大的陂塘灌溉工程之一——鉴湖，为其后近千年绍兴地区农业的发展做出了巨大贡献。鉴

湖建成后，山会平原得到了全面改造，大片农田得以旱涝保收，效益巨大，流泽后世。鉴湖是江南首见于记载的水利工程，马臻也因此被视为江南水利的奠基人。

马臻在开始修建鉴湖时，淹没了许多豪强的住宅，因而被诬告并被处以极刑。会稽百姓私收其遗体并埋葬于鉴湖之畔。马臻后来得以平反昭雪。后人为其建庙祭祀，尊其为“鉴湖之父”。

➡➡姜师度：“一心穿地”兴水利

姜师度（约 653—723），唐朝水利专家，历任丹陵尉，龙岗令，易州、沧州、同州等地刺史，水利成就显著。

唐朝统治者十分重视农田水利的开发与建设，颁布了我国历史上著名的综合性水法《水部式》，并把发展水利作为考核地方官吏政绩的一个重要标准。姜师度正是盛唐时期兴修水利的代表人物。

705 年，姜师度在蓟州沿海开平虏渠运粮；707 年，姜师度在贝州经城县开张甲河排水，随后又在沧州清池县引浮水开渠并分别注入毛氏河和漳河；714 年，姜师度在华州华阴县开敷水渠排水；716 年，姜师度在郑县修建利俗、罗文两灌渠并筑堤防洪；719 年，姜师度在朝邑、河西二县修渠，引洛水和黄河水灌通灵陂。之后，他又在长安城内开渠引水，保证了城市供水和航运的需要。

姜师度一生致力于水利建设，每到一地都注重兴修水利，为官一地，治水一方，为百姓造福，为国家谋利，深受百姓爱戴。

➡➡沈括：匠心独运疏汴河

沈括（1031—1095），字存中，号梦溪丈人，北宋科学家、政治家。他在众多学科领域都有很深的造诣和卓越的成就，对研究水利尤有志趣。

早在任沭阳县主簿时，沈括就主持了治理沭水的工程，解除了当地的水灾威胁。北宋时，沈括受命疏浚汴渠，他以“分层筑堰法”测得开封和泗州之间地势高度相差“十九丈四尺八寸六分”，竟然精确到了寸、分，这在世界水利史上是一个创举。在王安石变法期间，沈括赴江浙一带考察水利建设情况，并主持兴修了常、润等州水利工程，兴筑温、台、明等州以东堤堰。根据多年治水实践中对河流冲淤规律的认识，他遍阅历史记载，提出和论证了华北平原是由河流泥沙沉积而成的观点，正确解释了华北平原的形成原因。沈括的代表作《梦溪笔谈》内容丰富，集前代科学成就之大成，在世界文化史上有着重要的地位，被称为“中国科学史上的里程碑”。《梦溪笔谈》中关于水利的部分，多是沈括在治水活动中的真知灼见以及对劳动人民实践经验的科学总结。

➡➡苏轼：文豪治水亦风流

苏轼（1037—1101），字子瞻，号东坡居士，北宋文学

家、书画家，“唐宋八大家”之一。苏轼在地方辗转为官多年，官至礼部尚书。他为官一地，造福一方，是兴修城市水利的实干家。

1077年，黄河大决于澶州曹村，洪水包围徐州城，时任徐州知州的苏轼领导军民抵御洪水，增筑城墙，修建黄河木岸工程。从这次抗洪到明朝天启四年（1624）的540多年间，虽然徐州不断发生水患，但因有长堤为屏，城市基本不受影响。1089年，苏轼任杭州太守期间主持修缮六井，解决了杭州居民的用水问题；同时率领军民大力疏浚西湖，并筑成一条贯穿西湖的长堤（后人称为“苏堤”），在堤上造桥六座，制九亭，使内湖与外湖连接起来。堤的两旁遍植杨柳芙蓉，湖中种满荷花与菱角。“苏堤春晓”成为西湖十景之一，也方便了行旅和耕作。如今，西湖被誉为“人间天堂”，苏轼当年的整治功不可没。在颍州和惠州期间，苏轼也修筑有苏堤，故流传有“东坡处处筑苏堤”之说。

苏轼在不同任上主持或参与的水利工程不胜枚举。除积极参与治水实践之外，苏轼还撰写了水利著述《熙宁防河录》《禹之所以通水之法》《钱塘六井记》等。

➡➡郭守敬：水利之学世师法

郭守敬（1231—1316），元朝著名的水利专家和天文学家。郭守敬21岁时就设计了邢台的一项河道疏浚工程。1262年，担任中书左丞的张文谦把郭守敬推荐给朝廷。郭守敬向忽必烈面陈“水利六事”，包括修复燕京附近运河，开发磁州农田水利及豫北沁河、丹河水利等。忽必烈对他十分赏识，当即任命郭守敬为“提举诸路河渠”。1263 年，郭守敬被加授为“副河渠使”。

郭守敬在西夏治水时，针对唐徕、汉延等渠的改造和恢复工程，提出了“因旧谋新”的治理方针。在西夏治水期间，郭守敬还探寻黄河源头，这是一次以科学考察为目的的探寻河源的伟大壮举。在山东期间，郭守敬组织了大范围的水利测量，布设了六条测线，规划了山东运河路线，可谓古代勘测最高水准。他还兴建了白浮引水工程，扩建了瓮山泊，开辟了新水源。郭守敬不仅使街市建筑与水风水貌完美结合，独具特色，还利用发达的水上交通，促进了政治、经济、文化的交流，保障了元大都在全国军事和政治上的地位。元大都的一系列规划中，工程规模最大、收效最突出的，就是开凿通惠河。在世界水利发展史上，郭守敬是利用上下坝闸解决水流落差问题的第一人。国际天文学联合会将月球背面的一座环形山和编号为 2012 号的小行星以郭守敬的名字命名，以此表达全世界人民对他的崇高敬意。

➡➡潘季驯：四治黄河立奇功

潘季驯(1521—1595)，字时良，号印川，明朝水利专家。潘季驯是明朝治河大臣中任职时间最长的一位，负责治理黄河、运河达十年之久，在理论和实践上都有重要建树，是明朝著名的治河专家。

潘季驯在长期的治河实践中，总结并提出了“筑堤束水，以水攻沙”的治黄方略和“蓄清（淮河）刷浑（黄河），以保漕运”的治运方略。他发明的“束水冲沙法”“治黄通运”的方略和“筑近堤（缕堤）以束河流，筑遥堤以防溃决”的治河工程思路，以及相应的堤防体系和严格的修守制度，成为其后直至清末治河的主导思想。潘季驯为中国古代的治河事业做出了重大贡献。潘季驯把治河理论和实践经验汇集在《河防一览》《两河管见》《宸断大工录》《留余堂集》等书中。这些书是记载中国古代治理黄河经验的珍贵文献，是中国水利科学的重大创获。

➡➡靳辅：系统治理黄淮运

靳辅（1633—1692），清朝大臣，水利专家。1677 年至 1687 年，靳辅任河道总督，主持治理黄河、淮河、运河。

靳辅在我国古代治河理论、治河实践、治河技术等方面均做出了重大贡献。他还把流量概念运用于减水坝，这是定量方法在中国水利史上运用的开端，实现了我国治河事业从定性向定量的过渡，具有重要的历史意义。

靳辅所著《治河方略》一书是后世治河的重要参考文献。直到现在，靳辅的《治河方略》及其实践，对水利工作者仍有借鉴和启迪作用。

➡➡林则徐：治世名臣心系水

林则徐(1785—1850)，清朝著名的政治家、思想家和治水专家。

提起林则徐，人们很自然地会把他和禁烟运动、抗英斗争等历史伟绩联系起来。其实，林则徐还是一位功勋卓著的治水名臣。林则徐认识到水利是农业的命脉，水利兴废攸关国家命运和人民生计。他每到一地，治水一方。从北方的海河到南方的珠江，从东南的太湖流域到西北边陲新疆维吾尔自治区的伊犁，都留下了林则徐治水的足迹。

➡➡李仪祉：现代水利奠基人

李仪祉(1882—1938)，中国水利专家、教育家、现代水利建设的先驱。1909 年，李仪祉考入德国皇家工程大学土木工程系，1911 年回国。1913 年，李仪祉重返德国，途中考察了欧洲多国，目睹了欧洲水利事业之发达，决心振兴祖国水利事业，于是改念丹泽工业大学，专攻水利。

李仪祉创办了我国第一所水利工程高等学府：南京河海工程专门学校，为国家培养了一大批掌握近代水利技术的建设人才。李仪祉不仅是桃李满天下的水利教育家，还是造福百姓的水利实干家。他倡导和修建了陕西的泾惠渠等水利工程，树立起了现代灌溉工程样板。他主张治理黄河要上中下游并重，把我国治理黄河的理论

和方略向前推进了一大步。李仪祉被誉为一代水圣。他把西方水利知识系统引入中国，并应用于水利实践，建立了中国第一所水利实验室、第一个水工实验所，是我国现代水利科学技术的奠基人。

➡➡潘家铮：当代坝工称大家

潘家铮（1927—2012），中国水利水电工程专家。中国科学院院士、中国工程院院士，原水利电力部、电力工业部、能源部总工程师，国家电力公司顾问。1950 年毕业于浙江大学土木系。1994 年当选中国工程院首批院士，并被推选为中国工程院副院长。

流溪河大坝是中国第一座双曲薄拱坝，潘家铮负责流溪河大坝水工结构设计，积极主张采用双曲溢流拱坝新结构。他担任中国第一座自行设计施工的大型水电站——新安江电站的设计副总工程师和设计代表组组长，为节省工程量、提前发电做出了贡献，也大大缩短了我国水电工程与世界先进水平的差距。在东江水电站设计中，他力主推荐薄拱坝方案。他极力支持在不利地质条件下建设龙羊峡水电站，龙羊峡水电站是当时中国最高的大坝。他倾力支持在葛洲坝大江泄洪闸底板及护坦上采用抽排减压方案以降低扬压力。他支持和决策建设二滩水电站，二滩水电站当时是世界第三高拱坝。

潘家铮曾任三峡工程论证领导小组副组长兼技术总负责人。三峡工程开工后，他相继担任技术委员会主任和质量检查专家组组长，主持决策诸多重大技术问题，解决了多样复杂的技术难题，为三峡工程保驾护航，为公众答疑解惑，被誉为“三峡之子”。

潘家铮晚年受命出任南水北调工程专家委员会主任，为南水北调中线和东线工程的顺利建设做出了重要贡献。

潘家铮的专长为结构力学分析理论，在水工结构分析领域造诣深厚。同时，他致力于运用数学、力学理论知识解决重大工程问题，毕生从事中国的水电建设和科研工作，参与规划设计和审查咨询的水利水电工程不计其数。他是名副其实的水电巨匠！

➡➡亨利·菲利贝尔·加斯帕德·达西：达西定律发现者

亨利·菲利贝尔·加斯帕德·达西(1803—1858)，法国水利工程师。1823年毕业于工业专科学校，后在第戎市工程局任技术员。1828年被任命为工程师。1830年开始负责第戎市引水工程的规划设计。1838年担任科多尔地区主任工程师，领导并参与巴黎至里昂铁路工程的规划设计和建设。1848年被任命为巴黎市工程局局长。1850年任技术监察。他负责过运河、铁路、公路、桥梁、隧洞等各种土木工程的设计与建设工作。

达西在水力学方面最重要的贡献是发现并总结出了达西定律，为水在土中运动的实验研究方法、地下水运动理论、地下水的定量计算及其在工程条件下的应用奠定

了基础。1857 年,他发表了关于管道实验结果的论文——《管道水流运动的实验研究》,阐述了水流状态在不同管材、尺寸和各种磨损情况下的变化。

达西定律作为水力学的重要发现,反映了水在岩土孔隙中渗流的运动规律。达西定律为水文科学在河道水流、地下水运动、汇流形成和水循环等领域的发展奠定了理论基础,表明了人类对水文现象的认识由萌芽时期肤浅零星的感性认识,发展到了比较深刻系统的科学认识。

➡➡约翰·卢西安·萨凡奇:坝工专家享盛誉

约翰·卢西安·萨凡奇(1879—1967),世界著名坝工专家,美国垦务局工程及研究中心奠基人之一。早年就读于威斯康星大学工程系。1903 年获博士学位,同年进入美国垦务局工作。1924 年任垦务局工程及研究中心设计总工程师。1954 年退休。

萨凡奇一生负责设计了 60 余座大坝,主要有美国的胡佛大坝、沙斯塔坝、大古力坝以及波多黎各的伊莎贝拉坝、圣多明戈的巴拉奥纳坝和巴拿马运河区的马登坝等。作为世界著名的坝工专家,萨凡奇与世界第一坝——中国的三峡大坝有着不解之缘。1944 年 5 月,萨凡奇先生应邀来华查勘三峡工程,提出了在南津关建坝的“扬子江三峡初步计划”,之后他负责编写了《扬子江三峡计划初步报告》,这就是著名的萨凡奇方案,也是第一个三峡高坝建设方案。在该方案中,萨凡奇初步提出了兴建三峡工程的建议。

萨凡奇认为,三峡工程具有巨大的综合效益,不仅关系到中国的繁荣,而且是一项具有国际性意义的伟大工程。

▶▶今朝风流:两院院士中的水利专家

中国是水利大国,也是水利强国,水利事业战略地位重要,投资规模巨大,治水任务艰巨复杂、影响深远。在长期的水利工程科学研究与工程实践中,涌现出众多学术造诣深厚、工程经验丰富、引领科技前沿、社会贡献卓著的水利专家,中国科学院和中国工程院中的水利领域院士就是其中的杰出代表。

水利领域涉及范围广泛,无法准确加以界定,中国科学院的水利领域院士主要集中在技术科学部和地学部,中国工程院的水利领域院士主要集中在土木、水利和建筑工程学部,部分分散在能源与矿业工程学部、环境与轻纺工程学部、农业学部以及工程管理学部。本部分选择专业领域与水利最为接近或有密切关联的、健在的若干院士加以介绍,以先中国科学院、后中国工程院以及姓氏汉语拼音字母为序。

➡➡中国科学院院士(技术科学部)

陈祖煜

水利水电、土木工程专家,长期从事边坡稳定理论和

数值分析研究工作。中国水利水电科学研究院教授级高级工程师。2005 年当选为中国科学院院士。

林皋

水利工程及地震工程专家，长期从事水工结构工程领域的教学和研究工作。大连理工大学教授。1997 年当选为中国科学院院士。

倪晋仁

环境水利专家，长期从事流域水沙运动理论、水体污染控制及河流综合治理方面的研究。北京大学教授。2015 年当选为中国科学院院士。

邱大洪

海岸与近海工程专家，长期从事海岸工程、港口工程和近海工程中的应用基础和工程设计方面的研究和技术工作。大连理工大学教授。1991 年当选为中国科学院院士(学部委员)。

王光谦

水力学与河流动力学专家，长期从事泥沙学科与江河治理研究工作。清华大学教授，青海大学校长。2009 年当选为中国科学院院士。

张楚汉

水利水电工程专家，长期从事水工结构工程与抗震研究。清华大学教授。2001 年当选为中国科学院院士。

➡➡中国科学院院士(地学部)

刘昌明

水文水资源学家，主要从事生态与水文和水资源学的水循环、产流模式、水文实验、农业水文、森林水文、全球变化的环境水文等领域研究。中国科学院研究员。1995 年当选为中国科学院院士。

夏军

水文水资源学家，主要从事水文水资源领域学术研究。武汉大学教授。2015 年当选为中国科学院院士。

➡➡中国工程院院士(土木、水利和建筑工程学部)

陈厚群

水工结构抗震专家。曾任中国水利水电科学研究院工程抗震研究中心主任、中国水利学会副理事长、国际大坝委员会地震专业委员会副主席。中国水利水电科学研究院教授级高级工程师。1995 年当选为中国工程院院士。

邓铭江

水资源及水利工程专家。曾任新疆额河建设管理局、水利厅总工程师，现任新疆维吾尔自治区科学技术协会副主席、额河建设管理局局长。2017 年当选为中国工程院院士。

胡春宏

水力学及河流动力学专家。现任中国水利水电科学

研究院副院长、教授级高级工程师。曾任国际泥沙研究培训中心副主任兼秘书长、三峡工程泥沙专家组组长。2013年当选为中国工程院院士。

孔宪京

水工结构专家，致力于土石坝抗震领域的研究与工程实践。大连理工大学教授。2017年当选为中国工程院院士。

李华军

海洋工程安全专家。中国海洋大学教授，中国海洋大学副校长。2017年当选为中国工程院院士。

罗绍基

发电工程专家。广东蓄能发电有限公司顾问、教授级高级工程师。1999年当选为中国工程院院士。

马洪琪

水利水电工程专家。华能澜沧江水电股份有限公司高级顾问。曾任中国水利水电第十四工程局总工程师。2001年当选为中国工程院院士。

茆智

农田水利专家。武汉大学水利水电学院教授。2003年当选为中国工程院院士。

钮新强

水工结构专家。曾任长江勘测规划设计研究院院长、国家大坝安全工程技术研究中心主任、中国大坝工程学会副理事长。2013年当选为中国工程院院士。

钱正英

水利水电专家。曾任水利部部长、水利电力部部长，中国人民政治协商会议全国委员会副主席。1997 年当选为中国工程院院士。

王超

水资源保护专家。河海大学教授，浅水湖泊综合治理与资源开发教育部重点实验室主任。2011 年当选为中国工程院院士。

王复明

土木工程专家。郑州大学教授，重大基础设施检测修复技术国家地方联合工程实验室主任。2015 年当选为中国工程院院士。

王浩

水文水资源学家。流域水循环模拟与调控国家重点实验室主任，中国水利水电科学研究院水资源研究所名誉所长。2005 年当选为中国工程院院士。

吴中如

水工结构专家。河海大学教授。1997 年当选为中国工程院院士。

张超然

水利水电工程专家。中国长江三峡集团有限公司科学技术委员会顾问。曾任中国长江三峡集团有限公司总工程师、科学技术委员会主任。2003 年当选为中国工程院院士。

张建民

岩土工程专家。清华大学教授。2017 年当选为中国工程院院士。

张建云

水文水资源专家。曾任南京水利科学研究院院长，兼任水利部应对气候变化研究中心主任，国际水文科学协会中国国家委员会主席。2009 年当选为中国工程院院士，2014 年当选为英国皇家工程院外籍院士。

钟登华

水利工程专家。中国共产党第十九届中央委员会候补委员，教育部副部长，水利工程仿真与安全国家重点实验室主任。曾任天津大学校长。2009 年当选为中国工程院院士。

朱伯芳

水工结构专家。中国水利水电科学研究院教授级高级工程师。1995 年当选为中国工程院院士。

➡➡中国工程院院士（能源与矿业工程学部）

谢和平

能源与力学专家。深圳大学特聘教授，深圳大学深地科学与绿色能源研究院院长。曾任四川大学校长。2001 年当选为中国工程院院士。

张勇传

水利水电工程专家。华中科技大学教授。1997 年当选为中国工程院院士。

➡➡中国工程院院士(环境与轻纺工程学部)

杨志峰

环境生态规划与修复专家。北京师范大学教授,曾任国际环境生态学会主席。2015 年当选为中国工程院院士。

➡➡中国工程院院士(农业学部)

康绍忠

农业水土工程专家。中国农业大学教授,中国农业水问题研究中心主任。2011 年当选为中国工程院院士。

李佩成

农业水土工程及水资源与环境专家。曾任西北农业大学副校长、干旱半干旱地区农业研究培训中心主任。长安大学教授。2003 年当选为中国工程院院士。

➡➡中国工程院院士(工程管理学部)

陆佑楣

水利水电工程专家。曾任水电部副部长、能源部副部长、国务院三峡工程建设委员会副主任委员、中国长江三峡集团有限公司总经理、中国大坝委员会主席。2003 年当选为中国工程院院士。

参考文献

[1] 《中国水利百科全书》编辑委员会. 中国水利百科全书[M]. 2 版. 北京：中国水利水电出版社，2006.

[2] 王浩. 水知识读本[M]. 北京：中国水利水电出版社，2010.

[3] 郭松义. 水利史话[M]. 北京：社会科学文献出版社，2011.

[4] 斯蒂芬·所罗门. 水：财富、权力和文明的史诗[M]. 叶齐茂，倪晓晖，译. 北京：商务印书馆，2018.

[5] 郑大俊，鞠平. 水文化[M]. 南京：河海大学出版社，2009.

[6] 张弓. 中国古代的治水与水利农业文明——评魏特夫的"治水专制主义"论[J]. 史学理论研究，1993(4)：17-31，92.

[7] 中国三峡总公司. 非常三峡：人与水的跨世纪握手[M]. 北京：中国三峡出版社，2009.

[8] 汪恕诚. 人水和谐 科学发展[M]. 北京:中国水利水电出版社,2013.

[9] 张楚汉,王光谦. 水利科学与工程前沿[M]. 北京:科学出版社,2017.

[10] 王浩,胡春宏,王建华,等. 我国水安全战略和相关重大政策研究[M]. 北京:科学出版社,2019.

[11] 世界经济论坛水资源倡议组织. 水安全:水—食物—能源—气候的关系[M]. 曹慧群,罗平安,译. 武汉:长江出版社,2017.

[12] 钟登华,练继亮,吴康新,等. 高混凝土坝施工仿真与实时控制[M]. 北京:中国水利水电出版社,2008.

[13] 张建云,杨正华,蒋金平,等. 水库大坝病险和溃坝研究与警示[M]. 北京:科学出版社,2014.

[14] 郑守仁,仲志余,邹强,等. 长江流域洪水资源利用研究[M]. 武汉:长江出版社,2015.

[15] 钮新强. 三峡工程与可持续发展[M]. 北京:中国水利水电出版社,2003.

[16] 王光谦,欧阳琪,张远东,等. 世界调水工程[M]. 北京:科学出版社,2009.

[17] 夏军,左其亭,石卫. 中国水安全与未来[M]. 武汉:湖北科学技术出版社,2019.

[18] 董哲仁. 生态水利工程学[M]. 北京:中国水利水

电出版社，2019.

[19] 王超，陈卫. 城市河湖水生态与水环境[M]. 北京：中国建筑工业出版社，2010.

[20] 杨志峰，董世魁，易雨君，等. 水坝工程生态风险模拟及安全调控[M]. 北京：科学出版社，2016.

“走进大学”丛书拟出版书目

什么是机械？ **邓宗全** 中国工程院院士
哈尔滨工业大学机电工程学院教授(作序)
王德伦 大连理工大学机械工程学院教授
全国机械原理教学研究会理事长
什么是材料？ **赵 杰** 大连理工大学材料科学与工程学院教授
宝钢教育奖优秀教师奖获得者
什么是能源动力？
尹洪超 大连理工大学能源与动力学院教授
什么是电气？ **王淑娟** 哈尔滨工业大学电气工程及自动化学院院长、教授
国家级教学名师
聂秋月 哈尔滨工业大学电气工程及自动化学院副院长、教授
什么是电子信息？
殷福亮 大连理工大学信息与通信工程学院教授
入选教育部“跨世纪优秀人才支持计划”
什么是自动化？ **王 伟** 大连理工大学控制科学与工程学院教授
国家杰出青年科学基金获得者(主审)
王宏伟 大连理工大学控制科学与工程学院教授
王 东 大连理工大学控制科学与工程学院教授
夏 浩 大连理工大学控制科学与工程学院院长、教授
什么是计算机？ **嵩 天** 北京理工大学网络空间安全学院副院长、教授
北京市青年教学名师
什么是土木工程？ **李宏男** 大连理工大学土木工程学院教授
教育部“长江学者”特聘教授
国家杰出青年科学基金获得者
国家级有突出贡献的中青年科技专家

什么是水利？ 张　弛　大连理工大学建设工程学部部长、教授
教育部“长江学者”特聘教授
国家杰出青年科学基金获得者

什么是化学工程？
贺高红　大连理工大学化工学院教授
教育部“长江学者”特聘教授
国家杰出青年科学基金获得者
李祥村　大连理工大学化工学院副教授

什么是地质？ 殷长春　吉林大学地球探测科学与技术学院教授(作序)
曾　勇　中国矿业大学资源与地球科学学院教授
首届国家级普通高校教学名师
刘志新　中国矿业大学资源与地球科学学院副院长、教授

什么是矿业？ 万志军　中国矿业大学矿业工程学院副院长、教授
入选教育部“新世纪优秀人才支持计划”

什么是纺织？ 伏广伟　中国纺织工程学会理事长(作序)
郑来久　大连工业大学纺织与材料工程学院二级教授
中国纺织学术带头人

什么是轻工？ 石　碧　中国工程院院士
四川大学轻纺与食品学院教授(作序)
平清伟　大连工业大学轻工与化学工程学院教授

什么是交通运输？
赵胜川　大连理工大学交通运输学院教授
日本东京大学工学部 Fellow

什么是海洋工程？
柳淑学　大连理工大学水利工程学院研究员
入选教育部“新世纪优秀人才支持计划”
李金宣　大连理工大学水利工程学院副教授

什么是航空航天？
万志强　北京航空航天大学航空科学与工程学院副院长、教授
北京市青年教学名师
杨　超　北京航空航天大学航空科学与工程学院教授
入选教育部“新世纪优秀人才支持计划”
北京市教学名师

什么是环境科学与工程？

陈景文　大连理工大学环境学院教授
教育部“长江学者”特聘教授
国家杰出青年科学基金获得者

什么是生物医学工程？

万遂人　东南大学生物科学与医学工程学院教授
中国生物医学工程学会副理事长（作序）

邱天爽　大连理工大学生物医学工程学院教授
宝钢教育奖优秀教师奖获得者

刘　蓉　大连理工大学生物医学工程学院副教授

齐莉萍　大连理工大学生物医学工程学院副教授

什么是食品科学与工程？

朱蓓薇　中国工程院院士
大连工业大学食品学院教授

什么是建筑？　齐　康　中国科学院院士
东南大学建筑研究所所长、教授（作序）

唐　建　大连理工大学建筑与艺术学院院长、教授
国家一级注册建筑师

什么是生物工程？

贾凌云　大连理工大学生物工程学院院长、教授
入选教育部“新世纪优秀人才支持计划”

袁文杰　大连理工大学生物工程学院副院长、副教授

什么是农学？　陈温福　中国工程院院士
沈阳农业大学农学院教授（作序）

于海秋　沈阳农业大学农学院院长、教授

周宇飞　沈阳农业大学农学院副教授

徐正进　沈阳农业大学农学院教授

什么是医学？　任守双　哈尔滨医科大学马克思主义学院教授

什么是数学？　李海涛　山东师范大学数学与统计学院教授

赵国栋　山东师范大学数学与统计学院副教授

什么是物理学？　孙　平　山东师范大学物理与电子科学学院教授

李　健　山东师范大学物理与电子科学学院教授

什么是化学？　陶胜洋　大连理工大学化工学院副院长、教授

王玉超　大连理工大学化工学院副教授

张利静　大连理工大学化工学院副教授

什么是力学？　郭　旭　大连理工大学工程力学系主任、教授

教育部“长江学者”特聘教授

国家杰出青年科学基金获得者

杨迪雄　大连理工大学工程力学系教授

郑勇刚　大连理工大学工程力学系副主任、教授

什么是心理学？李　焰　清华大学学生心理发展指导中心主任、教授(主审)

于　晶　辽宁师范大学教授

什么是哲学？　林德宏　南京大学哲学系教授

南京大学人文社会科学荣誉资深教授

刘　鹏　南京大学哲学系副主任、副教授

什么是经济学？原毅军　大连理工大学经济管理学院教授

什么是社会学？张建明　中国人民大学党委原常务副书记、教授(作序)

陈劲松　中国人民大学社会与人口学院教授

仲婧然　中国人民大学社会与人口学院博士研究生

陈含章　中国人民大学社会与人口学院硕士研究生

全国心理咨询师(三级)、全国人力资源师(三级)

什么是民族学？南文渊　大连民族大学东北少数民族研究院教授

什么是教育学？孙阳春　大连理工大学高等教育研究院教授

林　杰　大连理工大学高等教育研究院副教授

什么是新闻传播学？

陈力丹　中国人民大学新闻学院荣誉一级教授

中国社会科学院高级职称评定委员

陈俊妮　中央民族大学新闻与传播学院副教授

什么是管理学？齐丽云　大连理工大学经济管理学院副教授

汪克夷　大连理工大学经济管理学院教授

什么是艺术学？陈晓春　中国传媒大学艺术研究院教授